中等职业教育通用基础教材系列

职业素养

ZHIYE
SUYANG

主　编　黄　磊　郭艳伟　杨　娟

副主编　罗　敬　程丽娜　薛东亮

中国人民大学出版社

·北京·

职业素养

　　党的二十大报告指出，深入实施人才强国战略，培养造就大批德才兼备的高素质人才，是国家和民族长远发展大计。职业教育作为国民教育体系和人力资源开发的重要组成部分，肩负着培养高素质劳动者和技术技能人才的重要职责。

　　职业素养是高素质劳动者和技术技能人才的核心修养，也是职业院校学生完成由学生向职业人转变的必备修养。为全面贯彻党的教育方针，落实立德树人根本任务，依照《国家职业教育改革实施方案》《中国学生发展核心素养》《关于推动现代职业教育高质量发展的意见》《中等职业学校公共基础课程方案》等有关文件精神，充分调研现代企业用人需求，借助校企合作、产教融合，汲取校企双元育人的成功经验，以提升中等职业学校学生的职业素养为出发点，我们组织编写了本书。

　　本书采用"模块引领、任务驱动、过程训练、课后拓展"的编写模式，通过8个模块共计23个任务，对学生进行职业核心素养与核心能力训练，全面提升学生的职业素养。

　　模块1，职业认知与职业道德。通过本模块的学习，学生提高职业认知，掌握职业道德养成的主要途径和方法，积极践行职业道德，大力弘扬劳模精神、劳动精神、工匠精神。

　　模块2，自我管理能力。通过本模块的学习，学生掌握形象管理、时间管理和情绪管理等内容，提高自我管理能力，成为有效的自我管理者。

　　模块3，沟通与合作能力。通过本模块的学习，学生掌握倾听与赞美、有效沟通和团队合作等内容，提高沟通与合作能力。

　　模块4，数字技能。通过本模块的学习，学生掌握数字技能在提效工作、助力学习、便捷生活等方面的作用，提升数字素养，强化数字技能。

　　模块5，绿色技能。通过本模块的学习，学生认识到绿色技能的重要性，主动宣传低碳环保、绿色生态和可持续发展的理念，提升绿色技能，让节能减排、绿色低碳成为一种生产、生活方式和社会风尚。

　　模块6，安全生产及质量素养。通过本模块的学习，学生掌握"防范安全风险"和"加强质量管理"的相关知识，提高安全风险意识和质量意识，为未来进入职场成为一名合格的职业人做好准备。

模块 7，规则意识及法律素养。通过本模块的学习，学生提升规则意识和职业法律素养，学法守法，遵章守纪，并能够在职场中依法维护自己的合法权益。

模块 8，职业发展素养。通过本模块的学习，学生掌握"树立竞争意识""培养创新思维""学会终身学习"等内容，提升职业发展素养，为未来的职业生涯持续长远发展奠定坚实基础。

本书具有以下特色：

1. 内容紧跟时代。教材内容紧跟时代发展和职业需求，从职业认知和职业道德出发，培养学生的自我管理能力、沟通与合作能力，以及安全生产及质量素养、规则意识及法律素养、职业发展素养，尤其是响应"加快建设数字中国"和"推动绿色发展"的时代号召，设置了"数字技能"与"绿色技能"模块，培养学生的数字技能和绿色技能，与时俱进地全面提升学生职业素养。

2. 结构设计新颖。教材编写坚持理论引领与实践体验相结合的原则，框架严谨，体例生动活泼，各环节设计环环相扣，层层递进。模块任务前面设计了"隽语哲思"和"模块导读"栏目，对本模块进行引领。模块任务结束后，设计了"模块总结案例"栏目，对本模块进行总结。每个任务以"学习目标、职场故事、活动导练、知识链接、课后拓展、延伸阅读"为编写主线，结构合理，条理清晰。

3. 突出实践实训。教材遵循中等职业教育的教学规律，针对中职学生的特点，积极打造"学生为主体，教师为主导，训练为主线"的"三主"职教课堂。针对每个任务，应用场景式教学、体验式教学模式，紧密结合知识点，采用"OTPAE 五步训练法"（目标—任务—准备—行动—评估）设计了丰富多彩的课堂导练活动，通过巧妙的设计保证活动的可操作性和学习效果，"做中学，学中做"，从而激发学生的学习兴趣，调动学生的学习积极性和主动性。

本书由郑州工业安全职业学院黄磊及河南信息工程学校郭艳伟、杨娟担任主编，河南信息工程学校罗敬、程丽娜及郑州工业安全职业学院薛东亮担任副主编，参加本书编写的还有河南信息工程学校刘宁与丁草菱、河南省商务中等职业学校张思慧、河南省理工学校魏建成、河南省工业学校周伦钢、河南省驻马店财经学校刘建党、郑州市实验中等专业学校熊书国、河南汇盛教育科技集团有限公司郑晓宁等。

在本书编写过程中，我们参阅、借鉴了大量的学术著作、教材与文献资料，吸收了众多专家的意见和观点，由于涉及面广，未能一一说明，在此谨向有关专家、学者表示感谢。

由于编者水平有限，书中难免存在不妥之处，敬请读者批评指正。

CONTENTS   目　录

模块 1

职业认知与职业道德

天行健，君子以自强不息。地势坤，君子以厚德载物。

——《易经》

大力弘扬工匠精神，需要褒奖工匠情怀、传承工匠文化，引领高技能人才和大国工匠在本行业和本领域担大任、干大事、成大器、立大功。

——《人民日报》

模块导读

职业是人们的谋生手段，也是发展自我、完善自我的主要途径。职业素养体现了职业内在的规范和要求，是员工在就业过程中表现出来的综合素质，是职场成功的关键。社会需要的是高技能人才，而高技能只有在良好的职业道德基础上才能转化为现实的生产力。大力弘扬劳模精神、劳动精神、工匠精神，就是让每一个人都热爱劳动，脚踏实地，努力奋斗，成为更加优秀的劳动者，创造美好生活，推动经济社会发展。

本模块包括三个任务：提高职业认知，践行职业道德，弘扬劳模精神、劳动精神与工匠精神。我们通过本模块的学习，提高对职业和职业素养的认识，掌握职业道德养成的主要途径和方法，积极践行职业道德，大力弘扬劳模精神、劳动精神、工匠精神，为未来职业生涯打下坚实的基础。

任务1　提高职业认知

🔍 学习目标

知识目标：了解职业及其分类、职业素养的含义和主要内容。

能力目标：能够预测自己的职业趋向，并为之做好准备。

素养目标：提高职业认知，为本课程学习及未来职业生涯打下基础。

📄 职场故事

无心之举背后的机遇

李明是某职业学校会展专业的毕业生。几天前，他所在的学校举行了一场校园招聘会。李明提前来到现场，看到有些用人单位还在搭建展台，便主动上前帮忙。招聘会开始后，之前受到李明帮助的几家招聘单位都向他伸出了橄榄枝，但由于专业不对口，李明还是婉言拒绝了对方。这时，负责本次招聘会的会展公司得知李明是会展专业的学生时，对他说："之前看到你过来帮忙，就觉得你是一个善良又热心的小伙子。你的专业和我们公司的业务对口，非常希望你能加入我们的团队。"李明没有想到自己的无心之举就赢得了就业机会，便欣然答应了会展公司的邀约。

▶ 各抒己见

1. 李明为什么受到用人单位的青睐？

2. 从李明身上你学到了什么？

▶ 学习感悟

具备良好的职业素养的人与他人的差别往往就在于无意识的举动。现在用人单位除了看专业技能外，更看重职业素养，即职业道德、职业精神、为人处世、团队合作、沟通协调等能力。案例中李明之所以在激烈的市场竞争中赢得了用人单位的青睐，看似无心，实则是长期职业素养养成的结果。

活动导练

一、团建破冰活动

【目标（object）】

1. 为了解"素质冰山"和职业素养打下基础。

2. 为后面小组合作学习打好基础。

【任务（task）】

在老师指导下完成小组破冰活动，完成小组团建。

【准备（prepare）】

1. 提前将班级学生分成 4 个小组，选出组长，起好组名。

2. 地点：教室。

3. 材料和工具：纸板、A4 纸、笔、小礼品等。

4. 时间：约 30 分钟。

【行动（action）】

1. 各组同时参与完成以下游戏。

游戏一：你来比画我来猜（约 10 分钟）

（1）每组选出 2 名代表担任比画者和猜词者。

（2）老师拿出纸板让比画者看到一个词。

（3）比画者可以用肢体语言和口头语言向同组猜词者传达信息，但是不得说出词中带有的字。

（4）猜词者根据以上比画者的表现猜词，猜不到可以喊"过"，其他同学不得提醒。

（5）每组进行一轮，每轮猜 5 个词。

赋分：积分 15 分，每个词 3 分，猜不准确的，不得分。由组长相互监督并计分。

游戏二：叠纸（约 10 分钟）

（1）每组选出 5 个人。

（2）将纸放在地上，每张纸上站 5 个人。

（3）每组 1 名代表与对方猜拳（石头剪刀布）。

（4）输掉的小组须将脚下的纸对折后再站在上面（所有的人双脚都要站在纸上）。

（5）哪个小组站不上去，该小组就输掉比赛。

赋分：积分 20 分，老师按名次从高到低为各组分别赋 20、15、10、5 分。

游戏三：你在做什么（约 10 分钟）

（1）A 同学向 B 同学做一个动作，但口中却说出另一个动作。例如，A 同学手中做着刷牙的动作，但当 B 同学问"你在做什么"时，A 要一面继续刷牙，一面回答"我在系鞋带"。

（2）接着，B 同学就要系鞋带，当 C 同学问 B 同学"你在做什么"时，B 同学要继续系鞋带，但口中说"我在放风筝"。

（3）如此类推，直至小组成员轮流玩完为止。赋分：积分15分，每组传递错1次扣1分。由组长相互监督并计分。

2. 根据评价内容，小组进行自评，组间进行互评。

3. 老师对本次活动进行总结点评并公布各组游戏总积分，有条件的话，适当发些小礼品。

【评价（evaluate）】

评价表

评价内容	小组自评	小组互评	教师点评
预习及课上策划充分有效，小组成员能快速开始游戏。			
游戏过程体现团队合作精神，气氛热烈，欢快活泼。			
小组成员全身心参加游戏，沟通顺畅，配合默契，小组"破冰"成功。			

二、我的家族职业树

【目标（object）】

探索自己的职业期待及其与家族职业的关联，进而预测自己的职业趋向。

【任务（task）】

完成"我的家族职业树"探索。

【准备（prepare）】

地点：教室。

材料和工具：纸、笔、手机（平板）等。

分组：将班级学生分为4个小组，选出小组长。

计划时间：约15分钟。

【行动（action）】

1. 小组每位学生都依据自己的实际情况完成下面的"我的家族职业树"探索。

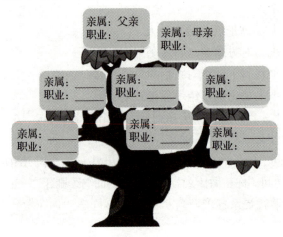

（1）我的家族中最多人从事的职业是：_____

（2）我想从事这种职业吗？为什么？

_____

（3）父亲如何形容他的职业？父亲平时会提到哪些职业？他是怎么说的？

_____

_____

（4）父亲的想法对我的影响是：_____

_____

（5）母亲如何形容她的职业？母亲平时会提到哪些职业？她是怎么说的？

_____

_____

（6）母亲的想法对我的影响是：_____

_____

（7）家族中还有谁对职业的想法对我影响深刻？他们是怎么说的？

_____

_____

（8）家族内最让我羡慕的职业是：_____

（9）哪些职业是我绝不考虑的：

_____

（10）哪些职业是我有考虑的：

2. 每个小组选出 1 名代表上台，分享自己的"我的家族职业树"探索情况。

3. 根据评价内容，小组自评，组间互评。

4. 老师对本次活动进行总结点评并对各组赋分。

【评价（evaluate）】

评价表

评价内容	小组自评	小组互评	教师点评
每个小组成员都完成了探索。			
探索内容紧扣问题。			
分享清楚明了，富有逻辑；若有海报，设计合理美观。			

🌐 知识链接

一、职业及其分类

1. 职业的含义

从词义学的角度看,"职"是指职位、职责、权利和义务,"业"是指行业、事业、业务。《现代汉语词典》对职业一词的释义为:个人在社会中所从事的作为主要生活来源的工作。

社会分工的直接影响是产生了职业,使得社会成员各司其职,互相配合。职业的产生、发展和丰富都是随着历史进程而演变的,由于社会分工和科技发展是渐进的,因此职业的演变也是渐进的。随着生产力的不断发展,新的职业不断产生,一些不能适应时代需求的职业逐渐消失,或被彻底改造,或因时代需要而获得新的内涵。

2. 职业的分类

2022 年 9 月,《中华人民共和国职业分类大典(2022 年版)》终审通过。2022 年版《职业分类大典》在保持八大类职业类别不变的情况下,净增了 158 个新的职业,现在职业数达到了 1 639 个。如围绕制造强国,把工业机器人操作员和运维人员纳入《职业分类大典》中;结合绿色职业发展状况,及时将碳排放管理员、碳汇计量评估师等新兴职业纳入《职业分类大典》中。

新版《职业分类大典》的一个亮点,就是首次标注了数字职业(标注为 S)。此次修订共标注了 97 个数字职业,占职业总数的 6%。2022 年版《职业分类大典》延续了 2015 年版《职业分类大典》对绿色职业标注的做法,标注了 134 个绿色职业(标注为 L),占职业总数的 8%。其中既是数字职业也是绿色职业的,共有 23 个(标注为 L/S)。标注数字职业是我国职业分类的重大创新,对推动数字经济、数字技术发展以及提升全民数字素养,具有重要意义。

我国职业划分为由大到小、由粗到细的四个层次,即大类、中类、小类、细类,其中最小类别细类就是职业。具体内容见下表。

2015 年版《职业分类大典》与 2022 年版《职业分类大典》职业分类体系对比表

2015 年版《职业分类大典》					2022 年版《职业分类大典》				
大类	中类	小类	细类(职业)	工种	大类	中类	小类	细类(职业)	工种
第一大类 党的机关、国家机关、群众团体和社会组织、企事业单位负责人	6	15	23		第一大类 党的机关、国家机关、群众团体和社会组织、企事业单位负责人	6	16	25	
第二大类 专业技术人员	11	120	451		第二大类 专业技术人员	11	125	492	

续表

2015 年版《职业分类大典》					2022 年版《职业分类大典》				
大类	中类	小类	细类（职业）	工种	大类	中类	小类	细类（职业）	工种
第三大类 办事人员和有关人员	3	9	25	15	第三大类 办事人员和有关人员	4	12	36	24
第四大类 社会生产服务和生活服务人员	15	93	278	338	第四大类 社会生产服务和生活服务人员	15	96	356	460
第五大类 农、林、牧、渔业生产及辅助员	6	24	52	138	第五大类 农、林、牧、渔业生产及辅助员	6	24	54	150
第六大类 生产制造及有关人员	32	171	650	2 179	第六大类 生产制造及有关人员	32	172	671	2 333
第七大类 军人	1	1	1		第七大类 军人	4	4	4	
第八大类 不便分类的其他从业人员	1	1	1		第八大类 不便分类的其他从业人员	1	1	1	
合计	75	434	1 481	2 670	合计	79	450	1 639	2 967

二、职业素养概述

在职场中，有的人工作总是充满激情，专业能力强，提升快，成就感强。但有的人却总找不到前进的方向，频繁跳槽，厌倦工作。其实，具体原因很多，但如果用一个词来概括，那就是职业素养不同。

1. 职业素养的含义

"素养"一词在古代汉语中早已有之。《汉书·李寻传》中载："马不伏枥，不可以趋道；士不素养，不可以重国。"素养的本义指的是修习涵养。也就是说，素养是需要经过躬身践行才能获得的。一般认为，职业素养是人们在长期的职业活动中表现出来的比较稳定的道德、观念、行为、能力的总和。

根据"素质冰山"理论，职业素养可以分为显性职业素养和隐性职业素养。职业素养也可以看成是一座冰山，冰山浮在水面以上的只有 1/8，它代表一个人的形象、资质、知识、职业行为和职业技能等，是人们看得见的、显性的职业素养，这些可以通过各种学历证书、资格证书来证明。而冰山隐藏在水面以下的部分占整体的 7/8，它代表一个人的职业道德、职业精神、职业意识、自我管理能力、沟通与合作能力等，是人们看不见的、隐性的职业素养。

2. 职业素养的主要内容

职业素养主要包含以下三个方面的内容：

通用精神层面：职业道德、职业精神和职业意识。其中职业道德包括爱岗敬业、诚实守信、办事公道、热心服务、奉献社会等；职业精神包含勤劳奋斗、精益求精、积极进取、合作共享等；职业意识包括规则规范、安全健康、绿色环保、质量效率、责任担当等。

通用能力层面：职业核心能力。主要包括自我管理能力、有效沟通能力、协同合作能力、解决问题能力、信息处理能力、绿色技能、数字技能、创新创业能力、学习能力（终身学习能力）等。

通用知识层面：法律常识和安全生产常识。主要包括学法用法、常用的法律法规、安全生产知识、质量管理、职业病防治、职工权益保护等。

3. 职业素养的意义

职业素养对于个人、企业和社会都具有重要意义。

职业素养是个人职业生涯发展的核心要素。提高职业素养有助于促进人的全面发展。适者生存，个人缺乏良好的职业素养很难取得突出的业绩，更谈不上建功立业。

员工的职业素养与企业的整体劳动效率密切相关。只有聚集一群有较高职业素养的人，才能帮助企业提高产品和服务质量，提高工作效率，进而提高企业在市场上的竞争力。

国民职业素养的高低直接影响着国家经济的发展。当前我国正处在由高速发展向高质量发展转变的新发展阶段，提高国民职业素养有利于实现新发展阶段的发展目标和中国式现代化。

个人职业素养既受到个人气质、体质等先天禀赋的影响，又与教育经历、社会实践等后天培养密切相关。在校学生应通过主动学习和躬身践行来逐步实现职业素养的提升，为将来步入社会、走向职场做好充足的准备。

课后拓展

1. 上网查一下自己所学专业对应的职业群有哪些。

我的专业是：_____

我的专业对应的职业群有：_____

_____

2. 从以上职业群里挑选 1 个具体职业，和同学们讨论交流一下，试着总结归纳其所需的职业素养主要有哪些，写在下面的表格里。

探究职业素养

职业	主要工作内容	需要的职业素养
	1.	1.
	2.	2.
	3.	3.
	4.	4.

🔍 延伸阅读

人工智能与未来职业

在不久的将来，什么工作最可能被人工智能取代？什么工作最不容易被取代？

某研究团队分析了 365 个职业在未来的"被取代概率"。分析结果如下：

绝大多数来自第一产业和第二产业的工作都被列为高危职业。比如：工人、园丁、清洁工、司机、水管工等，其被取代的概率为 60%～80%，而程序员、记者、编辑等职业被人工智能取代的概率仅为 8.4%，音乐家、科学家被取代的概率分别为 4.5%、6.2%，教师被取代的概率是 0.4%，酒店管理者被取代的概率为 0.4%。

如果你的工作包含以下三类技能要求，被人工智能取代的可能性非常小：社交能力、协商能力以及人情练达的艺术；同情心，对他人真心实意地关心和扶助；创意和审美。

如果你的工作符合以下特征，则被人工智能取代的可能性非常大：无须天赋，经由训练即可掌握的技能；大量的重复性劳动；工作空间狭小，不闻天下事。

未来人工智能虽然会被广泛应用并取代某些岗位的工作，但是我们大可不必过于悲观。目前来看，人工智能取代的工作大多是机械性、重复性的。要想避免自己的工作岗位被人工智能取代，提升自身的职业素养也许是我们的唯一选择。

团建破冰活动

团建破冰活动是现代用人单位常用的一种团队建设活动载体，源于冰山理论。

冰山理论实际上是一个隐喻，它指一个人的"自我"就像一座冰山，包括行为、应对方式、感受、观点、期待、渴望、自我七个层次。我们能看到的只是表面很少的一部分——行为，而更大部分的内在世界却藏在更深层次，不为人所见，恰如冰山。

团建破冰活动通常用一个个精心挑选的破冰游戏打破人际交往中怀疑、猜忌、疏远的藩篱，就像打破严冬厚厚的冰层。它可以激发员工之间的友情和信任，提高协作和沟通技能，促进团队凝聚力，进而促进用人单位的生产和经营。

任务 2　践行职业道德

📌 学习目标

知识目标：了解职业道德的含义、作用和主要内容。

能力目标：掌握职业道德养成的主要途径和方法。

素养目标： 能够自觉加强职业道德养成训练，并积极践行职业道德。

📑 职场故事

小杨请假的"招数"

小杨毕业后，来到一家四星级酒店工作。刚开始，小杨决心要在岗位上做出个样子。但是好景不长，琐碎的工作逐渐让小杨感到厌倦。一天，小杨心想，今天找个理由晚点去吧。于是他给主管打电话说电动车没电了，要晚点到酒店，主管同意了。有了这次的"甜头"，小杨请假的"招数"越来越多，今天拉肚子了，明天感冒了，后天爸爸过生日……有一次，他刚给主管打电话说："今天我妈妈过生日，想请个假。"没想到刚放下电话不久，他妈妈就来酒店看他了，他的"招数"不攻自破，最后不得不主动离开了这个工作岗位。

🔹 各抒己见

1. 小杨的做法有哪些不当之处？
2. 你会做小杨这样的人吗？

🔹 学习感悟

职业道德是人们事业成功的重要条件，一个人想要把事业做成，光有技术是远远不够的，还必须具备职业道德。一个人只有具备了良好的职业道德，才能在职业中更好地实现人生的价值，促进自身的发展。小杨的故事告诉我们，良好的职业道德依赖于长期的培养，没有内化的、自觉的意识，要想在工作中保持良好的表现非常困难。

⚙️ 活动导练

一、中华优秀传统文化故事会

【目标（object）】
领会、掌握职业道德五个方面的主要内容。

【任务（task）】
围绕"知识链接"里职业道德五个方面的主要内容，分组搜集相关的中华优秀传统文化故事，并在班级分享。

【准备（prepare）】
地点：教室。
材料和工具：纸、笔、手机（平板）等。
分组：按照职业道德五个方面的主要内容，将学生分为5个小组，选出小组长。
计划时间：约20分钟。

【行动（action）】
1. 分组搜集与"爱岗敬业、诚实守信、办事公道、热情服务、奉献社会"相关的中华优秀传统文化故事，每组至少搜集1个，并进行讲故事彩排。
2. 每组选出1～2名同学代表本小组，上台讲准备好的故事。

3. 根据评价内容，小组自评，组间互评。

4. 老师进行总结点评并对各小组赋分。

【评价（evaluate）】

评价表

评价内容	小组自评	小组互评	教师点评
组内成员积极参加，研讨过程体现团队合作精神。			
每组搜集相关的中华优秀传统文化故事 1 个以上。			
讲故事富有激情和感染力；若有海报，设计合理美观。			

二、服务意识大盘点

【目标（object）】

1. 评估自身的服务意识现状，为提升服务意识做好准备。

2. 领会、掌握职业道德的相关内容。

【任务（task）】

班级每个学生都认真思考并填写《服务意识自查表》。

【准备（prepare）】

地点：教室。

材料和工具：纸、笔等。

分组：将班级学生分为 4 个小组，选出小组长。

计划时间：约 15 分钟。

【行动（action）】

1. 每个学生都认真思考并填写《服务意识自查表》。可以写书上，也可以写作业本或者活页纸上。

服务意识自查表

服务对象	曾做过的服务	欠缺与不足	改进计划
顾客（兼职）			
同学			
家人			
陌生人			

2. 每组选出 1 名代表上台，分享自查情况。

3. 根据评价内容，小组自评，组间互评。

4. 老师进行总结点评并对各小组赋分。

5. 学生今后定期自我检查和反省，观察自己的生活及人际关系是否有改善。

【评价（evaluate）】

评价表

评价内容	小组自评	小组互评	教师点评
每个小组成员都完成了自查表填写。			
每项都能查找到"欠缺与不足"，改进计划切合实际。			
分享清楚明了，有感染力；若有海报，设计合理美观。			

⊕ 知识链接

一、职业道德的含义及作用

1. 职业道德的含义

《新时代公民道德建设实施纲要》强调，加强公民道德建设"要把社会公德、职业道德、家庭美德、个人品德建设作为着力点"。

职业道德是指从事一定职业的人在职业生活中应当遵循的道德要求和行为准则。职业道德是道德的重要组成部分，具有行业性、广泛性、实用性、时代性等特点。

2. 职业道德的作用

职业道德对于个人、企业和社会都具有重要意义。

职业道德是每个人的立业之本。良好的职业道德是优秀员工的必备素质，是激发个体职业发展的潜在力量。违背职业道德，不仅会受到道德的谴责，情节严重者甚至会受到法律的制裁。

职业道德促进企业的发展。职业道德一旦内化为从业人员的素质，外化为从业人员的行动，就会极大地提高企业的竞争力，带来巨大的经济效益和社会效益。

职业道德有助于提高全社会的道德水平。职业道德是公民道德建设的重要内容，强化职业道德，各行各业都认真践行职业道德，就会形成良好的社会道德风貌，提高全民族的道德素质。

二、职业道德的主要内容

不同行业在工作性质、社会责任、服务对象、服务内容等方面存在诸多差异，所以每个行业都有自己特殊的职业道德要求。我国倡导的各行各业共同遵守的职业道德的主要内容是：爱岗敬业、诚实守信、办事公道、热情服务、奉献社会。

1. 爱岗敬业

爱岗敬业作为基本的职业道德规范，是对职业态度的普遍要求。爱岗就是热爱自己的职业岗位，热爱本职工作；敬业就是用一种严肃的态度对待自己的职业，勤勤恳恳、兢兢业业。爱岗敬业就是立足本职岗位，做到乐业、勤业、精业。

2. 诚实守信

"人无信不立"，诚实守信是中华民族优秀的传统美德。诚实守信就是忠诚老实、言行一致、信守诺言，讲信誉，重信用。诚实守信是为人处事的基本准则，也是职业道德的基本要求，因此党和国家将诚信纳入社会主义核心价值观体系。作为公民必须具备的基本品质，诚实守信也是保证经济社会发展必须恪守的道德法则。

3. 办事公道

古人云："人人好公，则天下太平；人人营私，则天下大乱。"办事公道就是站在公平公正的立场上，用同一原则、同一标准来处理事务、解决问题。一个人不管在什么岗位上，都要与人打交道，这样就无法避开"公道"二字。例如，接待客户不以貌取人，不会因为客户穿戴好或不好而区别对待，对客户一视同仁，这就是办事公道。

4. 热情服务

所有职业活动都是按照职业分工相互提供服务的过程，是"人人为我，我为人人"的体现。热情服务要求在服务过程中全心全意、真心实意、充满善意。一切以人民群众的利益为出发点和最终目标，员工要立足本职工作，明确自己的岗位职责，为服务对象提供高质量、高标准的产品或服务。

5. 奉献社会

奉献社会是一种忘我的、无私的高尚情操，是成就幸福人生的桥梁，是实现美好梦想的途径。奉献社会可以从以下三个方面来理解：一是自觉、自愿为他人、为社会贡献力量，坚持把公众利益、社会效益放在第一位；二是有为社会服务的责任感和使命感，充分发挥主动性、创造性；三是不求名利，完全出于自觉精神和奉献意识。

三、职业道德养成的主要途径和方法

1. 做到自省

《大学》有言："欲修其身者，先正其心。"所以要常修从业之德，就要"吾日三省吾身"。"内省"是职业道德修养的重要方法。"内省"，指自觉地进行思想约束，时时反省和检查自己的言行。从内省中提升职业道德，明大德，守公德，严私德，自觉抵制拜金主义和享乐主义、极端个人主义等错误思想。

2. 做到慎独

"慎独"既是一种崇高的道德境界，又是一种道德修养的重要方法。慎独是从"要我这样做"上升为"我要这样做"，是把外在的法律条文、规章制度、道德规范变成内心的坚定信念，把他律变成自律。从业者只有在职业生涯中严于律己，时刻做到慎独、慎初、慎微，良好的职业道德才会彰显，人格魅力才会提升，职业才会有所成就。

3. 做到见贤思齐

充分发挥榜样的示范、引领和感召作用，是职业道德养成的有效方法。见贤思齐，学习先进，可以净化人的心灵，提高道德素养，提升道德境界。学习榜样，首先要善于发现榜样，正确选择榜样，要准确把握榜样体现的道德内涵。其次，要注意与日常岗位相结合，把学习榜样落实到实实在在的工作上去，不断提高工作业绩。

4. 做到知行合一

道不可坐论，德不可空谈。职业道德的养成不是一朝一夕的事情，它是日积月累的结果。我们要坚持从现在做起，从自己做起，从点滴做起。积极参与社会实践，在实践中锻炼自己、陶冶自己、完善自己。

良好的职业道德养成体现在执着坚守上，要有"望尽天涯路"的追求，耐得住"昨夜西风凋碧树"的清冷和"独上高楼"的寂寞，最后才能达到"蓦然回首，那人却在灯火阑珊处"的领悟。

🔗 课后拓展

1. 完成下表的敬业度自测，选择最符合自己情况的答案，评估个人的敬业程度。

敬业度自测表

题目	选项
1. 在规定的休息时间后及时返回学习或工作场所。	A. 完全符合　B. 基本符合　C. 不符合
2. 看到别人有违反学校或工作单位规章制度的举动，及时纠正。	A. 完全符合　B. 基本符合　C. 不符合
3. 能够保守秘密。	A. 完全符合　B. 基本符合　C. 不符合
4. 从不迟到、早退。	A. 完全符合　B. 基本符合　C. 不符合
5. 不做有损学校或工作单位名誉的任何事情。	A. 完全符合　B. 基本符合　C. 不符合
6. 不管能否得到相应奖励，都能积极提出有利于团队的意见。	A. 完全符合　B. 基本符合　C. 不符合
7. 愿意承担更大的责任，接受更繁重的任务。	A. 完全符合　B. 基本符合　C. 不符合
8. 向外界积极宣扬自己所在的团队。	A. 完全符合　B. 基本符合　C. 不符合
9. 把团队的目标放在第一位。	A. 完全符合　B. 基本符合　C. 不符合
10. 乐于在正常的学习、工作时间之外自发地加班加点。	A. 完全符合　B. 基本符合　C. 不符合
11. 在业余时间学习与工作有关的技能，提升职业素养。	A. 完全符合　B. 基本符合　C. 不符合
12. 在工作时间不做与工作无关的事情。	A. 完全符合　B. 基本符合　C. 不符合
13. 对团队的使命有清晰的认识，认同团队的价值观。	A. 完全符合　B. 基本符合　C. 不符合
14. 能享受学习和工作的乐趣。	A. 完全符合　B. 基本符合　C. 不符合
15. 老师或领导布置的任务，即使有困难，也会想方设法完成而不是推诿不干或者敷衍了事。	A. 完全符合　B. 基本符合　C. 不符合

说明：A 选项为 5 分，B 选项为 3 分，C 选项为 1 分。

总分为 30 分及以下者，敬业度较低；总分为 31～44 分者，敬业度一般；总分为 45～59 分者，敬业度上等；总分为 60 分及以上者，敬业度优异。

你的测评结果是： _____

你认为自己还应该在哪些方面做出努力？

_____

_____

_____

2. 你的理想职业在职业道德方面有哪些具体要求？你与这些要求还有哪些差距？拟采用哪些措施缩小差距？

🔍 延伸阅读

诸葛亮与退役老兵的故事

三国时期，蜀、魏两军对峙，诸葛亮的蜀军只有十几万，魏军的精兵却有近三十万，蜀军明显不是魏军的对手。在这紧急关头，蜀军却有近一万人兵期已到，需退役返乡，服役期满的老兵归心似箭。这时，很多人建议诸葛亮，让老兵们打完这一仗再退役，但诸葛亮断然否决："治国治军须以信为本，他们为国鞠躬尽瘁，父母妻儿在期盼，不能失信于军、失信于民。"于是如期让老兵退役返乡。老兵们听到消息感动不已，纷纷表示要为国家再次征战，为国效力。老兵们的精神大大振奋了在役的其他士兵，大家士气高涨，在诸葛亮的指挥下奋勇杀敌，最终赢得了这场战役。

张杰和他的工友

张杰是一家汽车修理厂的修理工，从进厂第一天起他就喋喋不休地抱怨，"修理这活儿太脏了，我真是进错行了，瞧瞧我身上弄得脏兮兮的。""真累呀！我简直讨厌死这修理工的工作了！"每天，张杰都在抱怨和不满的情绪中度过，认为自己在受煎熬。工作中，张杰耍滑偷懒，随意应付手中的工作，能少干一点就少干一点。转眼几年过去了，张杰的 3 个工友各自凭着精湛的手艺，或另谋高就，或被工厂送去进修，唯有张杰，仍旧在抱怨声中做着他讨厌的汽车修理工。

每天都当作自己工作的第一天

在国庆 70 周年阅兵群众游行队伍中，1 000 名"快递小哥"走过天安门广场，这是快递员队伍首次参加国庆群众游行活动。这 1 000 名"快递小哥"中就有 2017 年荣获全国"五一劳动奖章"、累计送出近 22 万个包裹而零差评的宋学文，他也是第一个获此殊荣的快递员。宋学文骑上电动车，背上快递箱，骄傲地走过天安门广场。对于如何把平凡的工作做得不平凡，宋学文说，一名普通的快递小哥，让大家都满意的诀窍就是把每天都当作自己工作的第一天来对待。

任务 3　弘扬劳模精神、劳动精神与工匠精神

学习目标

知识目标：了解"三种精神"的内涵和时代价值。

能力目标：掌握弘扬"三种精神"的主要方法。

素养目标：提高学习和践行"三种精神"的自觉性和主动性。

职场故事

海港工匠铸就"世界一流强港"

截至 2023 年，宁波舟山港连续 15 年集装箱吞吐量稳居全球第三，货物吞吐量位居全球第一。名不见经传的舟山港为何能够脱颖而出成为世界一流强港？

舟山港成为世界一流强港，海港工匠功不可没。2017 年至 2021 年，舟山港启动了培育"海港工匠"五年行动计划，从最优秀的一线技术员工中遴选和培养，成效显著。海港工匠、全国劳模竺士杰用心无旁骛钻研技能的工匠精神，用立足本职爱岗敬业的工作态度，去引领、带动身边的同事，激发大家的工作热情。舟山港一线员工独创了"张中华电子板维修操作法""汪增峰龙门吊操作法""吴起飞远控桥吊操作法"等 20 多项先进操作法，大大提升了港口生产作业效率。

各抒己见

1. 舟山港为什么能够成为世界一流强港？

2. 你还知道哪些大国工匠和劳动模范的先进事迹？

学习感悟

我们党的百年奋斗史，镌刻着劳模精神、劳动精神、工匠精神形成和发展的光辉历程。一切劳动者，只要有梦想，敢于追求，只要肯学肯干肯钻研，练就一身真本领，掌握一手好技术，就能立足岗位成长成才，在劳动中体现价值，展现风采。

活动导练

一、劳动诗歌朗诵比赛

【目标（object）】

引导学生崇尚劳动、尊重劳动，领会"劳动最光荣、劳动最崇高、劳动最伟大、劳动最美丽"的道理。

【任务（task）】

分组搜集、排练、朗诵古今中外关于劳动、赞美劳动的诗歌，完成比赛。

【准备（prepare）】

地点：教室。

材料和工具：纸、笔、手机（平板）等。

分组：将班级学生分为 3 个小组（中国古代诗歌组、中国当代诗歌组、国外诗歌组），选出小组长。

计划时间：约 15 分钟。

【行动（action）】

1. 各组分别搜集古今中外经典劳动诗歌，每组至少搜集 2 首，并进行朗诵彩排。

2. 每组选出 1～2 名同学代表本小组参赛，上台朗诵准备好的劳动诗歌。

3. 根据评价内容，小组自评，组间互评。

4. 老师进行总结点评并对各小组赋分。

【评价（evaluate）】

评价表

评价内容	小组自评	小组互评	教师点评
组内成员积极参加，研讨过程体现团队合作精神。			
每组搜集经典劳动诗歌 2 首以上，多者有加分。			
朗诵富有激情和感染力；若有海报，设计合理美观。			

二、劳模精神、劳动精神、工匠精神故事会

【目标（object）】

向劳动者致敬，向劳动模范和大国工匠学习，弘扬劳模精神、劳动精神和工匠精神。

【任务（task）】

分组搜集普通劳动者、劳动模范和大国工匠的先进感人事迹，并在班级讲故事分享。

【准备（prepare）】

地点：教室。

材料和工具：纸、笔、手机（平板）等。

分组：将班级学生分为 3 个小组（普通劳动者故事组、劳动模范故事组、大国工匠

故事组），选出小组长。

计划时间：约 20 分钟。

【行动（action）】

1. 分组分别搜集普通劳动者、劳动模范和大国工匠的先进感人事迹，每组至少搜集 2 个，并进行讲故事彩排。

2. 每组选出 1～2 名同学代表本小组，上台讲准备好的故事。

3. 根据评价内容，小组自评，组间互评。

4. 老师进行总结点评并对各小组赋分。

【评价（evaluate）】

评价表

评价内容	小组自评	小组互评	教师点评
组内成员积极参加，研讨过程体现团队合作精神。			
每组搜集先进感人事迹 2 个以上，多者有加分。			
讲故事富有激情和感染力；若有海报，设计合理美观。			

🌐 知识链接

一、劳模精神、劳动精神和工匠精神的内涵

劳动者素质对一个国家、一个民族发展至关重要。技术工人队伍是支撑中国制造、中国创造的重要基础，对推动经济高质量发展具有重要作用。

1. 劳模精神

基本内涵主要包括：**爱岗敬业、争创一流、艰苦奋斗、勇于创新、淡泊名利、甘于奉献**。

"爱岗敬业"是职业道德的基础，热爱自己的本职工作，工作勤勤恳恳，尽职尽责；"争创一流"是工作中善于"比"，敢于"拼"，争当各行各业和岗位的排头兵；"艰苦奋斗"是不畏艰难困

苦、锐意进取、坚韧不拔、奋发有为的精神状态和行为品质；"勇于创新"是敢于创新、乐于创新，是劳模精神与时俱进、不断发展的精神内涵；"淡泊名利、甘于奉献"是劳模精神的价值追求，彰显心甘情愿、默默奉献、不求名利的精神境界。

2. 劳动精神

基本内涵主要包括：**崇尚劳动、热爱劳动、辛勤劳动、诚实劳动**。

"崇尚劳动、热爱劳动"是正确的劳动态度，奉行"劳动最光荣、劳动最崇高、劳动最伟大、劳动最美丽"的观念，尊重一切劳动价值，激发劳动热情；"辛勤劳动"是

要达到的劳动强度，是诚实劳动的条件与基础；"诚实劳动"是指在法律法规范围内自觉践行职业道德规范，严格工作标准，坚持初心，恪尽职守。

3. 工匠精神

基本内涵主要包括：**执着专注、精益求精、一丝不苟、追求卓越**。

"执着专注"是精神状态，专于其心，心无旁骛；"精益求精"是品质追求，不断改进，永不止步；"一丝不苟"是职业态度，用心琢磨，态度严谨；"追求卓越"是信念追求，自我超越，不断突破。在我国，工匠精神源远流长，从古代的鲁班雕木成凰、庖丁解牛，到新中国成立后的大庆精神、"两弹一星"精神、载人航天精神等，都是工匠精神在不同历史时期的生动体现。

4. "三种精神"的内在关系

劳模精神的主体是劳模群体，劳动精神的主体是普通劳动者群体，工匠精神的主体是拥有专业特长和一技之能的技能人才群体。劳模精神、劳动精神、工匠精神相互联系，相互支撑，一脉相承。一方面，劳动精神是劳模精神、工匠精神的基础，劳模精神和工匠精神从本质来说也是一种劳动精神；另一方面，劳模精神是劳动模范所具备的精神，能够对全社会起到示范引领作用，工匠精神注重追求极致、自我超越，都是对劳动精神的升华。

二、劳模精神、劳动精神和工匠精神的时代价值

人民创造历史，劳动开创未来。全面建设富强、民主、文明、和谐、美丽的社会主义现代化强国，要大力弘扬劳模精神、劳动精神和工匠精神，要靠全国各族人民辛勤劳动、诚实劳动、创造性劳动来实现。

1. 为实现中华民族伟大复兴中国梦提供精神动力

习近平总书记在 2012 年 11 月 29 日参观《复兴之路》展览时首次提出"中国梦"。"中国梦"的目标是实现中华民族的伟大复兴，内涵为国家富强、民族振兴和人民幸福。一切美好梦想的实现，需要强大的精神激励，需要付出不懈的艰苦努力。劳模精神、劳动精神、工匠精神是民族精神和时代精神的重要内容，为实现中华民族伟大复兴的中国梦提供了无穷的精神动力。

2. 为践行社会主义核心价值观增添精神内涵

社会主义核心价值观国家层面倡导富强、民主、文明、和谐，社会层面倡导自由、平等、公正、法治，个人层面倡导爱国、敬业、诚信、友善。劳模精神、劳动精神、工匠精神与社会主义核心价值观内在相通，是社会主义核心价值观在劳动者身上的具体体现，是当代中国精神的重要组成部分。新时代，劳模精神、劳动精神、工匠精神为广大劳动者共同践行社会主义核心价值观增添精神内涵。

3. 为培育社会主义建设者和接班人筑牢精神基础

"劳动最光荣、劳动最崇高、劳动最伟大、劳动最美丽"。弘扬劳模精神、劳动精神、工匠精神，是培养德智体美劳全面发展的社会主义建设者和接班人的必然要求。加强劳动教育，培育青年人深厚的劳动情怀，使其增长才干、磨炼意志、刻苦钻研，才能

践行"技能成就梦想",从而为实现中华民族伟大复兴的中国梦筑牢精神基础。

三、弘扬劳模精神、劳动精神和工匠精神

人世间的美好梦想,只有通过诚实劳动才能实现。实现中华民族伟大复兴的中国梦,根本上要靠全体人民的劳动、创造和奉献。

1. 干一行,爱一行,钻一行

劳动没有高低贵贱之分,无论从事什么劳动,都要干一行、爱一行,这是干好工作的重要前提。在工厂车间,要弘扬工匠精神,精心打磨每一个零部件,生产优质的产品;在田间地头,要精心耕作,努力增产增收;在商场店铺,要笑迎天下客,童叟无欺,提供优质的产品和服务。另外,干一行,还要钻一行,把"敬业"上升为"精业",努力练就过硬本领、努力成为行家里手,更好地适应事业发展需要。

2. 把握时代潮流,开拓创新,敢为人先

"艰难方显勇毅,磨砺始得玉成。"广大中职生要把握时代潮流,撸起袖子加油干。要密切关注行业、产业前沿知识和技术进展,增强创新意识、培养创新思维,展示锐意创新的勇气、敢为人先的锐气、蓬勃向上的朝气,努力做知识型、技能型、创新型的劳动者。

3. 自觉把个人理想融入党和人民事业之中

"非淡泊无以明志,非宁静无以致远。"为党和人民事业甘于奉献,才能知重负重、勇毅笃行,以"小我"成就"大我"。广大中职生要以民族复兴为己任,自觉把个人理想融入国家富强、民族振兴、人民幸福的伟大事业中去,矢志追求更有高度、更有境界、更有意义的人生。

这是一个呼唤劳动创造、鼓励拼搏进取的时代,让我们大力弘扬劳模精神、劳动精神、工匠精神,用劳动托举复兴梦想,靠双手开创更好明天。

课后拓展

1. 阅读下面的故事,思考并回答问题。

张明刚进入某高技术公司的时候,看见宣传墙上醒目地写着:"不要满足于99.9%的成功,我们要的是100%。"起初,他无法理解这句话,他认为无论哪种工作都难免犯错误。后来,张明惊讶地发现老员工们确实都做到了100%的达标。于是他就向一位经理请教。经理回答道:"咱们是生产卫星设备的公司,99.9%的成功就等同于不合格。当然,咱们并非只对工作任务提出100%成功的要求,更对工作态度提出100%的要求,因为只有以这种态度面对工作,才能成为真正的优秀者,才能让自己的职业道路走得更远。"

问题一:你是否因为在学习或实习中做到了99.9%的成功而陷入满足?

问题二:你是否有过做事情"差不多就行了"的经历?谈谈如何改变这种心态。

2. 举办"最美劳动者"摄影比赛。

(1)观察周围劳动者的劳动情况,用手机拍下劳动者的感人瞬间,并附上100字左

右的文字说明，然后上传到本课程网络教学平台。

（2）各学习小组派出代表组成评审团对作品进行评审，评出一二三等奖。

（3）获奖作品将由老师在课堂 PPT 上进行展示，并根据获奖情况对个人和小组按平时成绩赋分。

（4）后续也可以在班级宣传栏或网络教学平台等继续展出。

📖 延伸阅读

从流水线女工逆袭成世界冠军

世界技能大赛每两年举办一次，被誉为"世界技能奥林匹克"。"00后"女孩姜雨荷，荣获 2022 年世界技能大赛特别赛化学实验室技术项目金牌，从流水线女工逆袭成世界冠军。

姜雨荷老家在农村，她从小学习成绩不太好，拿到初中毕业证后就直接去广州打工了。半年多的务工经历让她意识到，掌握一门真正的技术，自己的生活也许会有更多的选择。

2018 年姜雨荷进入技校，重新开始了学习生涯。她上课时总是坐在最前排，课后时间总是扎在实验室里练习，经常在实验室里一待就是十来个小时。第一学年结束，她被老师选中参加学校的世界技能大赛培训队。有了明确的目标后，姜雨荷更加努力地学习，一路从省赛走到国赛，并拿到了 2022 年代表中国参加世界技能大赛的资格。

在备赛的三年半时间里，姜雨荷每天早上六点半起床到实验室训练，最晚要训练到凌晨一点。据她自己粗略估计，这几年的训练总时长超过了 14 000 小时。化学实验室技术项目要求选手独立撰写大篇幅、高质量的英文实验报告，初中毕业的姜雨荷"几乎只记得 26 个英文字母"，为了啃下这块"硬骨头"，她随身带着英语单词本，吃饭时背、睡觉前背、走在路上背。

2022 年 11 月，在奥地利萨尔斯堡 2022 年世界技能大赛上，姜雨荷出色完成了三天的比赛，一共 12 个小时左右，包括 3 个实验和 11 页的英文报告，荣获化学实验室技术项目金牌，实现我国该项目金牌"零"的突破。

载誉归来的姜雨荷，成为最年轻的国务院特殊津贴获得者。

如今她又有了新的身份，成为母校最年轻的老师。

2023 年 4 月，姜雨荷荣获第 27 届河南青年五四奖章。

2023 年 4 月 25 日，姜雨荷被授予河南省五一劳动奖章。

有一种工作境界，叫作全国劳模

在中国，有一群从工作精神到工作本领都非常厉害的人——全国劳动模范。

一、干什么工作，能成为全国劳模？

新中国成立之初，我们国家就开始表彰先进劳模了。新中国第一代劳模，你绝对听过他们的名字，大庆铁人王进喜，淘粪工人时传祥……

改革开放以来，更多行业的能人走上劳模奖台。科教文卫体，在各行各业辛勤工作的劳动者都可以有个当劳模的梦想。

2005 年起，全国劳模评选名单上第一次出现了 30 多名私营企业家和 23 位农民工。

几十年来，全国劳模的结构越来越多元。劳模结构在变化，是因为中国在变化，中国在发展。

二、看劳模的故事，你会觉得非常神奇

明明都是些普通的人，干着那么普通的工作，却能干到极致，让人叹为观止。

2015 年的全国劳模冯冰，是一名公交车司机。每一次，在车辆拐弯时，他提醒乘客们站稳、扶好；在遇到复杂情况时，他总是提前减速、慢慢行进，避免急刹车；在雨雪天气，他总要把车停在没有积水和冰冻的地方。冬天，他自费做了"暖心坐垫"；夏天，他给车厢内挂上了窗帘；他还在车厢右前方的车壁上悬挂"百宝袋"，内有针线包、旅游图，创可贴和日常药品。对一些高龄老人和肢体残疾人，他主动搀扶，背他们上下车，帮忙找座位。2014 年度完成运营里程 31 586 千米，车辆完好率 100%，车辆利用率 100%。乘客能坐上这样一位驾驶员开的公交车，得多舒服啊！

劳模能把工作的每个细节都干得精致完美，让你忍不住赞叹一声："这活儿居然还能这么干啊，牛！"

三、今天，我们要继续向全国劳模学习

我们不但要学他们的精神，也要学他们的工作方法，学他们看待工作的视角。

我们可以向他们学习怎么专注于细节，怎么在枯燥重复的工作里开个与众不同的"脑洞"，怎么在困境中杀出重围并乐在其中。

比如 2015 年全国劳模马山成："每解决一个难题，我就多一分快乐。"这个初中毕业的电器维修工人，不是"修修电器"就完了，他琢磨出的发明创造，"一不小心"就帮公司每年省一百万度电，每天至少省下几万元的费用。你说这样的工作能不快乐吗？

工作遇到瓶颈的时候，你可以去看看同专业的全国劳模是怎么干的，没准他们的方法能给你一点启发。

劳模告诉我们什么？

别浮躁，要有静气，不要嫌自己的工作没劲，你还没把它做到最好呢。也不要嫌付出没得到回报，等你做得足够好，鲜花自来，掌声自来。

模块 2

自我管理能力

不学礼，无以立。

——孔子

世界上最可宝贵的就是"今"，最容易丧失的也是"今"，因为它最容易丧失，所以更觉得它宝贵。

——李大钊

模块导读

职场是一个充满挑战和机遇的地方，要想在职场中获得成功，除了具备优秀的专业知识和技能外，还需要具备良好的自我管理能力。自我管理包括形象管理、时间管理和情绪管理等方面。在职场中，首先需要具备职业形象的自我管理能力，展示个人学识、修养、气质和品位，塑造良好的职业形象。其次，需要具备良好的时间管理能力，合理规划时间，避免拖延和浪费时间，高效地完成任务，提高工作和生活效率。最后，要学会调控情绪，避免冲动和失控对自己和他人造成负面影响。

在本模块中，我们通过学习形象管理、时间管理和情绪管理等内容，提高自我管理能力，成为有效的自我管理者，从而在职场中求得生存和发展。

任务1 注重形象管理

学习目标

知识目标：了解形象管理、职场礼仪的规范和要求。
能力目标：掌握形象管理要点及各种职场礼仪规范。
素养目标：能够自觉培养良好的行为举止，塑造职场良好形象。

职场故事

某公司招聘文秘人员，由于待遇优厚，应聘者如云。文秘专业毕业的小丽前往面试，小丽五官端正，身材高挑，她的履历也比较丰富：在校期间在各类刊物上发表了数万字的作品内容，有小说、诗歌、散文、评论等，语言表达也极为流利，还为多家公司策划过周年庆典。面试时，小丽穿着迷你裙，上身是露脐装，涂着鲜红的唇膏，轻盈地走到一位面试官面前，不请自坐，随后跷起二郎腿，笑眯眯地等着问话。孰料，三位面试官互相交换了一下眼色，主面试官说："小丽小姐，请回去等通知吧。"

各抒己见

1. 小丽能等到录用通知吗？
2. 小丽的做法有哪些不当之处？

学习感悟

每一位毕业生都渴望找到一个能发挥自己聪明才智的舞台，成就一番事业。求职面试不仅考查应聘者的专业技能，而且也考查其仪容仪表、言谈举止，外在形象也是应聘者职业素质和礼仪修养的体现。本案例中，虽然小丽的专业技能非常适合所应聘的职位，但是她的衣着打扮、言行举止等外在形象都不合时宜，最终求职失败。中职生作为准职业人，学会形象管理，通晓职场礼仪，是赢取职场入场券的必备素养。

⚙️ 活动导练

一、模拟职场接打电话

【目标（object）】

掌握电话礼仪，提高人际交往的能力，塑造职场良好形象。

【任务（task）】

● 模拟打电话向上级领导汇报工作。

● 模拟打电话和同事沟通工作进度。

● 模拟接听客户投诉电话。

【准备（prepare）】

地点：教室。

材料和工具：纸、笔、手机。

分组：将班级学生分为 4～6 个小组，选出小组长。

计划时间：约 15 分钟。

【行动（action）】

1. 每个小组从三种任务中选取一种任务，进行接打电话内容设计，列出通话提纲；

2. 在小组长的组织下，每小组根据列出的通话提纲，参照评价内容，两人一组进行模拟演练；

3. 每个小组选出两名同学，代表本小组上台展示，小组之间根据评价内容进行自评和互评；

4. 教师对每个小组的展示进行总结点评。

【评价（evaluate）】

● 评价内容（拨打电话）

1. 列出通话提纲；

2. 当对方已拿起听筒，向对方说"您好！我是×××，现在说话方便吗？"；

3. 对方确认后，准确、清晰、完整地表达出打电话的目的和要办的事；

4. 在通话过程中，发声自然、音量适中、音调柔和、态度和蔼、面带微笑进行通话；

5. 在通话过程中，认真倾听对方的讲话内容，以"好""是"等话语作为反馈；

6. 挂电话前，向对方说"再见""抱歉，打扰您了"等礼貌用语。

● 评价内容（接听电话）

1. 列出通话提纲；

2. 接听电话时，是电话铃声一响就接，还是三声过后还没有接；

3. 接通电话后，使用"您好""请问有什么事情"等礼貌用语；

4. 在接听过程中，认真倾听对方的讲话内容，以"好""是"等话语作为反馈；

5. 对接听的重要电话按照 5W1H 的方式，即 when（何时）、where（何地）、who（何人）、what（何事）、why（为什么）、how（干什么），准确记录通话内容；

6. 挂电话前，向对方说"再见"等礼貌用语。

● 评价表

评价内容（接打电话）	个人自评	小组互评	教师点评
模拟向上级领导汇报工作			
模拟与同事沟通工作进度			
模拟接听客户投诉电话			

二、模拟职场握手

【目标（object）】

掌握握手的使用场景及方法，提高人际交往能力，塑造职场良好形象。

【任务（task）】

● 男女同事初次见面时握手。

● 上级领导接见时握手。

● 与多位客户见面时握手。

【准备（prepare）】

地点：教室。

材料和工具：无。

分组：将班级学生分为 4～6 个小组，选出小组长。

计划时间：约 15 分钟。

【行动（action）】

1. 每个小组从三种任务中选取一种任务，开展握手模拟演练；

2. 在个小组长组织下，小组成员仔细阅读握手评价内容，进行握手练习；

3. 每个小组选出两名同学，代表本小组上台展示，小组之间根据评价内容进行自评和互评；

4. 教师对每个小组的展示进行总结点评。

【评价（evaluate）】

● 评价内容

1. 握手时，双方距离一米左右，上身略微前倾，右手手臂前伸，手掌与地面垂直，拇指张开，四指并拢微向下倾，稍用力握对方手掌，上下抖动约三下；

2. 握手时，面带微笑，双目注视对方；

3. 握手时，力度适中，热情又有礼；

4. 握手时长控制在 3 秒左右；

5. 握手顺序正确，男女之间握手，女士先伸手，轻握女士手指部位，上、下级之间握手上级先伸手；

6. 握手时脱帽，与人握手之后不能当面擦手；

7. 多人同时握手时按顺序进行。

● 评价表

评价内容	个人自评	小组互评	教师点评
男女同事初次见面时握手			
上级领导接见时握手			
与多位客户见面时握手			

知识链接

每个人都应该认识到形象的重要性。尤其在现代社会中，人与人之间的交往是快节奏的，很可能一次面试就决定了你是否能获得这份工作，是否有签下这份合同的希望，是否有可能继续发展感情等。作为一位职业人，应该具备根据职业场景和职业要求展示自己形象的能力。良好的形象管理是人们在交往过程中为了表示相互尊重与友好，达到交往和谐而表现出的一种行为规范，包括着装、仪表仪容、言谈举止、待人接物等礼仪。

一、着装

正确的着装，可以让我们更加自信，在职场更加游刃有余。职场着装中有"三个三"原则。

1. 三色原则

在职场中穿着正装，必须遵循"三色原则"，即全身服装的颜色不超过三种。

2. 三一定律

在职场中穿着正装，必须使三个部位的颜色保持一致，叫作"三一定律"。具体要求是，职场男士身着西服正装时，他的皮鞋、皮带、皮包应基本一色；职场女士的皮鞋、皮包、皮带及下身所穿着的裙、裤、袜子的颜色应当一致或相近。这样穿着，显得庄重大方得体。

3. 三大注意事项

一是职场男士西服套装左袖商标应拆除；二是职场人士最好不要穿尼龙丝袜，而应当穿高档一些的棉袜，以免产生异味；三是职场人士不要穿白色袜子。

二、仪表仪容

1. 仪表

仪表，也就是人的外表形象，包括服饰、姿态和风度，是一个人性格、教养的外在表现。讲究个人卫生，保持衣着整洁是仪表的最基本要求。在日常生活中，需要勤梳洗、讲卫生，尤其在社交场合，务必穿戴整齐，得体和谐，不盲目追赶潮流，做到装扮适宜，态度亲切，举止大方，个性鲜明。

2. 仪容

仪容即容貌，由发式、面容以及人体所有未被服饰遮掩的肌肤所构成，是个人仪表仪容的基本要素。保持清洁是最简单、最基本、最普遍的仪容。风华正茂的学生天生丽质，一般不必化妆。女士尤其是社交场合的女士，通常要化妆。适当得体的妆容是尊重他人和自尊的体现。化妆的浓淡要根据不同的时间和场合来选择。参加晚会、舞会等社交活动时，可适当化浓妆。在平时，以化淡妆为宜。对于男士，要注意细节部位的整洁，如眼部、口腔、鼻腔、胡须、指甲等。

3. 发型

发型是仪表仪容的重要组成部分。通常情况下，人们观察一个人都是从头部开始的。在职业环境中，应注意头发的清洁和装饰，发型以典雅、庄重、大方为主要风格。

三、 QQ、微信等即时通信

（1）提前整理个人信息，充分展示自身较高职业素养的一面，可将职业感较强的本人照片作为头像，增强辨识度。

（2）发送信息时应考虑对方的作息时间，同时控制信息数量；如有紧急问题需要及时处理，应采取电话沟通方式，切勿一味等待，以免耽误重要事情。

（3）及时查看信息并给予回复，信息发送前要检查无误后再发出，尽量避免撤回。如果发送信息出现错误，发现后应第一时间补发一条信息作出说明解释。信息内容应该有针对性、简洁，可搭配图片加以辅助说明。

（4）发送工作信息时，最好不使用语音功能，如果一定要使用，请选择安静的环境，并做到口齿清晰、语速得当。同样，在接收语音信息时也应注意，尽量减少使用外放功能，严禁泄露交谈信息。

课后拓展

"提升职场形象"常用语演练

练习目的：多说人人爱听的职场常用语可以赢得好人缘，改善人际关系。

1. 谢谢。
2. 我相信你的判断。
3. 告诉我更多吧。
4. 我来搞定。
5. 我支持你。
6. 乐意效劳。
7. 让我想想。
8. 做得不错。
9. 你是对的。

📖 延伸阅读

职场 10 项禁忌

1. 直呼老板名字

直呼老板中文或英文名字都是禁忌，应该以尊称称呼老板，如"程总""刘董事长"等。

2. "高分贝"打私人电话

在公司打私人电话，甚至肆无忌惮高谈阔论，让老板闹心，同时也影响同事工作。

3. 开会不关手机或不调为静音

"开会关机或调为静音"是基本的职场礼仪，当台上有人做报告或者布置任务时，台下手机铃声响起，会议必定会受到干扰。这样做不但对发言人不尊重，对其他参加会议的人也不尊重。

4. 称呼自己为"某先生/某小姐"

打电话找某人的时候，留言时千万别说："请告诉他，我是某先生/某小姐。"正确说法应该先讲自己的姓名，再留下其他个人信息，比如："你好，敝姓王，是××公司的营销主任，请某某听到留言，回我电话好吗？我的电话号码是……谢谢您的转达。"

5. 对"自己人"才注意礼貌

一般情况下，我们往往对"自己人"才有礼貌，比如一群人走进大楼，只帮朋友开门，却不管后面的人还要进去，就把门关上，这是相当不礼貌的。

6. 迟到、早退或约见太早到

不管上班或开会，请不要迟到、早退。若有事而迟到、早退，一定要前一天或更早提出，不能临时才说。此外，约见太早到也是不礼貌的，因为对方可能还没准备好，或还有别的宾客，此举会造成对方的困扰。万不得已太早到，不妨先打个电话给对方，确认一下能否将约会时间提早；或者先在外面转一下，等时间快到了再进去。

7. 谈完事情不送客

职场中送客到公司门口是最基本的礼貌。若是很熟的朋友知道你忙，也要起身送到办公室门口，或者请同事帮忙送客。一般客人则要送到电梯口，帮他按电梯，目送客人进了电梯，门完全关上，再转身离开。若是重要客人，更应该帮忙叫车，帮客人开车门，关好车门，目送对方离开再走。

8. 别人请客，专挑昂贵的餐点

别人请客，专挑贵的餐点是非常失礼的。若主人先点菜，请你加菜时，价位最好与主人选择的菜品价位相当。若主人请你先点菜，那么以选择中等价位的菜品为宜。

9. 不喝别人倒的水

主人倒水给你喝，一滴不沾是不礼貌的举动。再怎么不渴或不喜欢该饮料，也要举杯轻啜一下，若是主人亲自泡的茶或煮的咖啡，千万别忘了赞美两句。

10. 想穿什么就穿什么

"随性而为"的穿着或许让你看起来有特色。不过，上班应穿着专业的职业装，既有助于提升职业形象，也是对工作的基本尊重。

任务 2 学会时间管理

学习目标

知识目标：理解时间管理的概念及意义。

能力目标：掌握时间管理的基本方法和技巧。

素养目标：树立正确的时间观念，懂得珍惜时间。

职场故事

2019年春天，杭州A公司与B公司谈成了一笔大生意。3月10日，B公司张经理来杭州考察A公司并计划当日下午6点再赶到宁波去见一位客户。下午3点，张经理考察了A公司，对各方面感到很满意，准备告辞。这时A公司杨经理提出送张经理到宁波，张经理同意了。但车出发后，却直奔饭店。张经理没有心理准备，很不高兴，考虑到以后的长期合作，勉强答应了，并提出自己只有一个小时的用餐时间。而A公司杨经理却安排了冷热20个菜，"盛宴"直接比预期超出1小时20分，张经理匆匆赶到宁波已是晚上8点。当晚，张经理就决定撤销与A公司的合作，因为杨经理安排的"盛宴"，让他整整迟到了2个小时，错失与宁波客户的会谈，而且还失信于人。

各抒己见

1. 杨经理的做法有哪些不当之处？
2. 这个故事告诉我们什么道理？

学习感悟

时间是每个人最有限的资源，同时也是最宝贵的资源。随着现代信息技术的进步，人们每天处于快节奏、高压力的生活之中。在这种被时间赶着跑的节奏中，对时间的科学分配与运用是取得职业成功的重要保障。在本案例中，杨经理只顾热情宴请而忽视对方需要"赶时间"，这种缺乏时间管理的意识，导致生意伙伴受损，也让自己错失订单。有效利用时间，可以使理想变为现实；相反，利用不好时间，一切理想只能化为泡影。

活动导练

一、管理时间，无悔青春

【目标（object）】

提高时间管理的意识和能力，引导学生珍惜时间、无悔青春。

【任务（task）】

围绕案例开展研讨，并分享小组研讨成果。

【准备（prepare）】

地点：教室。

材料和工具：纸、笔。

分组：将班级学生分为 4～6 个小组，选出小组长。

计划时间：约 15 分钟。

【行动（action）】

1. 老师出示以下阅读材料，并提问：李阳为什么工作效率低下，工作生活一团糟？李阳的时间管理存在哪些问题，应如何解决？

李阳是某公司的销售主管。一天，有一个重要会议他要代替经理发言。李阳认为这是一次在上级面前展示自己的好机会，一定要好好把握。但是李阳认为时间足够，一直没有着手写稿。直到会议前一天，李阳才慌了神，下决心第二天一定要好好准备。孰料，第二天刚上班就被告知，总经理接到一封顾客投诉信，让他下午必须回复，事情处理完已是中午。当李阳正要构思发言稿时，好朋友突然约他吃饭，吃完中饭，已经下午 2 点。他打算处理几份紧急文件后就开始写，接着又有两个下属找他，处理好这一切正好也下班了。晚上，本想加班写稿，女儿突然发烧，带女儿看完病已是晚上 8 点。回到家，碰巧又有世界杯足球赛，李阳忍不住又看起来。球赛结束，李阳在沙发上也睡着了。直到早上 5 点，李阳才终于醒来，想写发言稿，但思路混乱，最后好不容易写个大概，开会时间到了，他只好匆匆去开会，会上的发言效果可想而知。

2. 学生分组研讨，并形成小组观点，做成海报或者直接写到作业本上；

3. 每个小组选出一名代表上台，展示分享本小组研讨成果；

4. 根据评价内容，小组自评，组间互评；

5. 教师进行总结点评并对每个小组赋分。

【评价（evaluate）】

评价表

评价内容	小组自评	小组互评	教师点评
组织有序、团结协作			
问题分析切合主题			
清晰展示、效果良好			

二、生涯刻度，岁月如梭

【目标（object）】

体会时间的短暂和不可逆性，学会珍惜时间，有计划地管理时间。

【任务（task）】

在教师的引导下，完成"生涯刻度"游戏，并进行小组探讨和分享。

【准备（prepare）】

地点：教室。

材料和工具：纸、笔。

分组：将班级学生分为 4～6 个小组，选出小组长。

计划时间：约 15 分钟。

【行动（action）】

1. 完成"生涯刻度"游戏。

用笔在纸上画一条直线，等比例分成 10 份（每一份代表生命中的 10 年，分别写上 0、10、20 等直至 100）。

学生在教师的问题引导下进行灵魂对话，并按要求完成接下来对纸张的分撕。

问题 1：请问你现在几岁？（把相应的部分从前面撕掉，过去的生命再也回不来了！请撕彻底、撕干净。）

问题 2：请问你想活到多少岁？（假设你想活到 90 岁的话，就把 90 后面那部分撕掉。）

问题 3：请问你想多少岁退休？（请把相应的退休以后的部分从后面撕下来，不用撕碎，放在桌子上。）

问题 4：剩余的时间就是你可以用来工作的时间，请问还有多少天？

问题 5：一天 24 小时中，一般人通常是睡觉 8 小时，占 1/3；吃饭、聊天、看电视、游玩等占 1/3；真正可以工作的时间约 8 小时，只剩 1/3。所以请将剩下来的部分折成 3 等份，并把 2/3 撕下来，放在桌子上。

问题 6：比比看。

请用左手拿起剩下的 1/3，用右手把退休那一段和刚才撕下的 2/3 加在一起，你要用左手的 1/3 时间工作赚钱，提供自己另外 2/3 时间的吃喝玩乐及退休后的生活。请将余下的 1/3 的工作赚钱时间，与你 2/3 的休闲娱乐时间加上退休后的时间做对比。

2. 各小组完成以下问题的探讨，并形成小组观点，做成海报或者直接写到作业本上。

问题 1：请问你现在有何感想？与同伴或朋友交流自己的感想。

问题 2：请问你会如何看待自己的未来？应该如何安排自己的时间？怎样才能更好地把握时间？

3. 每个小组选出一名代表上台，展示分享本小组研讨成果。

4. 根据评价内容，小组自评，组间互评。

5. 教师进行总结点评并对各小组赋分。

【评价（evaluate）】

评价表

评价内容	个人自评	小组互评	教师点评
积极参与、完成任务			
问题分析深刻到位			
清晰展示、效果良好			

知识链接

"人生天地之间，若白驹之过隙，忽然而已。"急速流逝的时间，一去不返的时间，是人生最宝贵的财富，如果虚度光阴，那是最大的挥霍。在现代社会，很多成功人士都非常注重时间管理，能够最有效地利用每天的24小时。现代管理理念告诉我们，管理时间就是管理自己。

一、时间管理的含义

时间管理是指通过事先规划和运用一定的技巧、方法与工具，实现对时间的灵活与有效运用，从而实现个人或组织的既定目标。时间管理并不是在有限的时间里把所有的事情都做完，也不是要创造出更多的时间，而是通过事前做一些规划，明确该做什么事情、不该做什么事情，以及根据事情的轻重缓急规划好做事情的先后顺序，从而更有效地利用时间。

二、时间管理的意义

时间是最公平的，每个人的时间都是一天24小时，一周7天。因为生命短促，人才会孜孜不倦地追求目标和意义，我们每个人都希望人生更有价值，可以做更多有意义的事情。

1. 时间管理可以提升个人的素质和能力

善于管理时间是成功者的重要素质，管理学者德鲁克曾说："时间是最宝贵而有限的资源，不能管理时间，便什么都不能管理。"事业有成的人，可能成功的原因有很多种。但是，他们的共同之处就是，他们往往都是时间管理的专家。

2. 时间管理能够提高学习、工作的效率

做好时间管理，可以提升达成目标的速度和缩短达成目标的时长。当前，人们普遍面临着工作任务繁重、生活节奏快的状况。因此，如果能够把每天24小时有效运用，就意味着能够拥有更多自己的时间。时间管理能够有效地提升工作的数量和质量，更好地实现自己的目标。

3. 时间管理可以提升幸福感

如果一个人能够高效地完成任务，就会获得成就感和满足感，这些积极情绪将会转化为主观幸福感，从而提高生活质量。管理好时间，就是管理好人生。时间管理的对象不仅仅是时间本身，而是对自我行为的管理，高效的时间管理就是高效的执行力。

三、时间管理的七大金律

1. 莫法特休息法

詹姆斯·莫法特的书房里有3张桌子：第一张桌上摆着他正在翻译的译稿，第二张桌上摆的是他的一篇论文的原稿，第三张桌上摆的是他正在写的一篇侦探小说。莫法特的休息法就是从一张书桌移到另一张书桌，继续工作。"间作套种"是农业上常用的一种科学种田的方法。人们在实践中发现，连续几季都种相同的作物，土壤的肥力就会下降很多，因为同一种作物吸收的是同一类养分，长此以往，地力就会枯竭。人的脑力和体力也是这样，如果每隔一段时间变换不同的工作内容，就会产生新的优势兴奋灶，而

原来的兴奋灶则得到抑制，这样人的脑力和体力就可以得到有效的调节和放松。

2. 时间管理四象限法

可以建立一个时间管理坐标体系，从轻到重为横坐标，从缓到急为纵坐标，并将各项事务放入这个坐标系的四个象限中，分为重要且紧急、重要不紧急、紧急不重要、不重要不紧急四类。

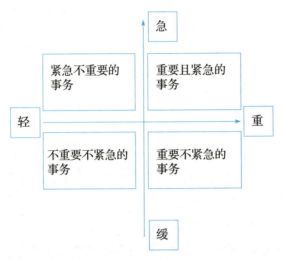

时间管理四象限法

首先，对于重要且紧急的事务，马上做。如准备考试、到医院看病、上级下发的任务安排等。其次，对于重要而不紧急的事务，持续做。需要日积月累，坚持不懈，如果拖延，不但不利于任务的完成，还可能让自己焦头烂额。如持之以恒地学习、对未来工作的准备等。再次，对于紧急但不重要的事务，授权他人做。比如不速之客的到访，虽然需要马上去做，但并不重要。最后，不重要而且不紧急的事务，放弃做或者推迟做。比如娱乐休闲。

3. 番茄工作法

番茄工作法使用的是一个形状像番茄的定时钟，其本质是利用小小的定时器，让人在一定的时间内专心致志做完一件事，以提高工作效率。你只需要三样东西：一份清单、一支笔和一个番茄钟。番茄工作法的核心在于"一次只做一件事"，即在25分钟内专注进行高质量的工作，然后拿出5分钟的时间休息，如此循环下去，直到将这件工作完成。运用番茄工作法可以帮助我们集中精力，提高做

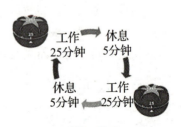

番茄工作法

事的专注力。番茄工作法的原理是人为地打造"心流"状态，保持25分钟高效率的工作状态。"心流"出现时，一个人可以投入全部的注意力，以求达成目标。然后通过5分钟的充分休息，让大脑劳逸平衡。

4. 安排"不被干扰"时间，学会说"不"

每天至少安排一小时左右"不被干扰"的时间。人在不被干扰的情况下，更能专注

地思考与工作，效率最高。有些工作一旦被打断，就需要花更多的时间去重新开始。在这一小时左右"不被干扰"的时间里，做最有意义的事情，学会拒绝无效的社交，比如对一些不是自己分内的事情，对不必要的应酬学会说"不"，使自己"不被干扰"的时间得到充分的、有意义的利用。

5. 严格规定完成期限，避免拖延

如果你有一整天的时间可以做某项工作，你可能会花一天的时间去做它。而如果你只有一个小时的时间可以做这项工作，你就会更迅速有效地在一个小时内做完它。管理学家诺斯古德·帕金森在其所著的《帕金森法则》中强调，你有多少时间完成工作，工作就会自动变成需要那么多时间。人始终是根据任务的时间期限来调整工作速度的，给所有任务都设定一个期限，不要让工作无期限地进行下去。给时间紧或有压力的设定结束日期，严格按照设定的期限高效完成。

6. 今日事，今日毕

海尔集团一直推行"日事日毕，日清日高"的时间管理方法，即当天的工作当天完成，每天的工作要清理并要有所提高。新的一天开始，先把自己今日要做的每一件事情都写下来，这样做能让自己清晰地看到手头上的任务。而当看到自己清晰明确的任务清单时，人们往往会产生目标感和紧迫感，进而提高做事的效率。

7. 善用零碎时间

零碎时间就是那些零散、无规律、难以计划的碎片时间，比如走路、排队、乘车等，这些时间往往被人们忽略掉，但长期积累总和相当可观，值得好好利用。凡是在事业上有所成就的人，几乎都是能够有效地利用零碎时间的人。有效的时间管理就是充分利用好每天的碎片化时间，把对时间的浪费降到最低。

课后拓展

按照如下步骤进行操作：

拿出一张纸，划出 3 个区：

1. 在第一区写上"睡眠 8 小时"或者你自己实际的睡眠时间。

2. 在第二区写上"工作 8 小时"。

3. 在最后一个区写出下列事项和它们所需的时间：

（1）你必须做的事情（如洗澡、上下班、吃饭等）；

（2）你想做的事情（如参加各种活动、陪伴家人等）；

（3）其他你目前正在做的事情（如看电视等）；

（4）任何其他每天都花时间做，但是之前没引起你注意的事情。

现在你只需要问问自己，对于剩下的 8 小时的时间花销是否满意。假如你本来希望把更多时间用在兴趣爱好上，或者用来陪伴家人，但是却发现自己每晚都花了两三个小时玩手机，那么你也许就需要做出改变了。

通过上面这个简单的练习，不仅可以看出你每天的时间都花费在哪里，还可以帮助你列出重要事项的优先处理顺序。

延伸阅读

司马光勤学惜时故事

儿时的司马光在私塾里上学的时候，总认为自己不够聪明，他觉得自己比其他孩子的记忆力差，因为他经常要花比别人多几倍的时间去记忆和背诵书上的内容。

每当老师讲完书本上的知识后，其他同学读了一会儿就能背诵，背诵完就跑出去玩耍了。司马光却一个人留在学堂里，继续认真地朗读和背诵，直到背得滚瓜烂熟达到一字不差，才算结束。

司马光还利用一切空闲的时间，比如赶路途中，或者晚上睡不着的时候，一面背诵，一面思考文章的内容。时间久了，他不仅对所学的内容能够背诵，而且记忆力也越来越好，少时所学的东西，直至终身不忘。儿时的勤奋努力，为司马光后来著书立说奠定了坚实的基础。

鲁迅的时间管理故事

鲁迅成功的秘诀之一，就是珍惜时间。鲁迅在绍兴城读私塾，父亲患病，弟弟年幼，他不仅要时常上当铺、跑药店，还得帮助母亲做一些力所能及的家务。为了不影响学业，他必须做好精确的时间安排。

鲁迅曾说过：时间，就像海绵里的水，只要你挤，总是有的。所以鲁迅几乎每天都在挤时间。鲁迅读书的兴趣十分广泛，还特别喜欢写作，他对于民间艺术，特别是绘画，也非常喜爱。正因为他涉猎多，所以时间对他来说，尤其重要。

鲁迅认为，时间就是生命。倘若无端消耗别人的时间，其实就等同于在谋财害命。因此，鲁迅最讨厌那些无所事事的人。在他忙工作的时候，如果有人来找他闲聊，即使是非常要好的朋友，他也会毫不客气地说："唉，你又来了，就没有别的事好做吗？"

任务3　善用情绪管理

学习目标

知识目标：了解情绪、情绪管理的内涵和意义。

能力目标：掌握情绪管理的正确方法。

素养目标：树立情绪管理的意识。

职场故事

小江从学校毕业后，找到的第一份工作是在某机械制造公司。初入职场，公司给他分配的是产品质量管理员一职，小江满怀欣喜地开启了工作之旅。刚开始，小江工作还算说得过去。但工作 2 个月后，他因为一次未对产品质量严格把关，而受到质检部领导的严厉批评，并且当月奖金也被按一定的比例扣除。小江觉得很委屈，也很愤怒，自己工作上勤勤恳恳、肯学肯做、积极努力，为什么只因一次小小的差错就被全盘否定了工作成绩，并且还因此被扣了奖金。他越想越生气，一怒之下就辞职了。

◈ **各抒己见**

1. 小江的问题出在哪里？
2. 怎样管理好个人的职场情绪？

◈ **学习感悟**

职场新人出现疏忽比较常见，当在工作中出现失误的时候，要能够勇于承担责任，认真反思，避免类似情况再次发生。在本案例中，虽然小江肯学肯做，积极努力，但是因为一次处罚就觉得自己不被理解，甚至冲动辞职，这种心理状态其实是情绪调节失衡、自我掌控能力弱的典型表现，所反映出的是情绪管理能力的欠缺。

⚙ **活动导练**

一、坐一坐"空椅子"

【目标（object）】

掌握"空椅子"疗法，提高情绪管理能力。

【任务（task）】

- 坐一坐"空椅子"，化解和老师之间的矛盾。
- 坐一坐"空椅子"，缓和与父母之间的冲突。
- 坐一坐"空椅子"，处理和同学之间的误解。
- 坐一坐"空椅子"，消除和宿舍管理员之间的摩擦。

【准备（prepare）】

地点：教室。

材料和工具：两把椅子。

分组：将班级学生分为 4～6 个小组，选出小组长。

计划时间：约 15 分钟。

【行动（action）】

1. 老师讲解"空椅子"疗法的操作步骤：

（1）将一把空椅子假想成引起你情绪反应的人，自己坐在空椅子对面，尝试着与空椅子所代表的人谈话，讲出对他的看法或观点。

（2）然后，马上换到空椅子上，扮演对方回应你刚才提出的观点或意见，你必须听完对方的解释后，才能坐到自己的椅子上。

（3）从自己的角度换位思考，并继续提出自己的观点。

重复上面的步骤，在不断的角色转换和自我辩论中，慢慢地理解双方的冲突，并可能重新接纳对方，同时也有效地调节了自己的情绪。

2. 每个小组从上述四种任务中选取其中一个任务，共同设计情景剧本，并按操作步骤进行练习。

3. 每个小组选 1 名代表上台进行展演。

4. 小组之间根据评价内容进行自评、互评。

5. 教师对每个小组的表现进行总结点评、对各小组赋分，并给学生讲解掌握"空椅子"疗法的要点。

【评价（evaluate）】

评价表

评价内容	小组自评	小组互评	教师点评
组织有序、团结协作			
情景剧设计巧妙合理			
展演生动，负面情绪得到有效调节			

二、做情绪的主人

【目标（object）】

帮助学生学会调节负面情绪，做情绪的主人。

【任务（task）】

围绕"如何调节负面情绪"开展研讨，并分享小组研讨成果。

【准备（prepare）】

地点：教室。

材料和工具：纸、笔。

分组：将班级学生分为 4～6 个小组，选出小组长。

计划时间：约 15 分钟。

【行动（action）】

1. 围绕任务，学生分组研讨，形成小组观点，做成海报或者直接写到作业本上；

2. 每个小组选出一名代表上台，展示分享本小组研讨成果；

3. 根据评价内容，小组自评，组间互评；

4. 教师进行总结点评并对各小组赋分。

【评价（evaluate）】

评价表

评价内容	小组自评	小组互评	教师点评
组织有序、团结协作			
切合主题，调节方法要求 10 个以上			
展示清晰、效果良好			

知识链接

一、情绪与情绪管理的含义

情绪是人们在心理活动过程中对客观事物的态度体验。当人的需要得到满足时，就会产生高兴、愉快等积极的情绪，相反就会产生难过、痛苦、悲伤等消极的情绪。人的情绪可分为七大类，分别是喜、怒、哀、惧、爱、恶、欲。

情绪管理是对个体和群体的情绪进行控制和调节的过程。情绪管理能够通过研究个体和群体对自身情绪和他人情绪的认识、协调、引导、互动和控制，从而避免、缓解不良情绪的产生、发展，确保个体和群体保持良好的情绪状态。

二、情绪管理的意义

1. 情绪管理是职场成功的必备要素

在通往成功的道路上，最大的问题并不是缺少机会，或者资历浅薄，而是不能控制自己的情绪。愤怒时，如果不能控制，将使周围的合作者望而远之；消沉时，若放纵自己的萎靡，将会错失许多机会。所以，学会调控情绪是就业者走向职场成功的必备要素。

2. 情绪管理有利于建立和谐的人际关系

良好的人际关系是幸福生活的组成部分。情绪管理可以避免因情绪失控引起冲突和误解，让我们更好地与他人沟通交流。同时，积极应对他人的负面情绪，也可以增进相互理解和信任。

3. 情绪管理与人们的身心健康有着密切的关系

研究发现，经常发怒和充满敌意的人患心脏病的可能性较大。哈佛大学曾对 1 600 名心脏病患者进行调查，发现他们焦虑、抑郁和脾气暴躁的概率比普通人高 3 倍。情绪管理可以帮助我们更好地控制情绪，避免焦虑、愤怒、抑郁等负面情绪对身心健康造成危害。因此，学会控制情绪至关重要。

三、情绪管理的方法和技巧

1. 合理宣泄法

合理宣泄法就是通过一定的方法，合理、有节、适当地将个体的不良情绪充分地表达出来的一种方法。比如：找朋友倾诉、大哭、打沙袋、运动等。有压力的时候说出来，有委屈的时候哭出来，在适当的时候动起来。过度地压抑情绪不利于身心健康。该哭的时候就哭，该笑的时候就笑。

2. 认知疗法

每件事物都有它的两面性，关键在于你如何看待它。同样半杯水，有人想到的是"只剩半杯水了"，而有人则会想"真好，还有半杯水呢"。当你在认识、思考和评价客观事物时，要注意从多方面看问题。如果从负面的角度来看，可能会引起消极的情绪体验，产生心理压力，这时只要能转换积极的视角，改变自己的认知，就会看到另一番景象，心理压力也将减轻。古诗云："横看成岭侧成峰。"要学会运用积极心理认知的方法打破原有的思维定式，从其他角度来看待问题，认识到生活中的快乐无处不在，善于寻找有利因素，化解不利因素。

3. 深呼吸放松疗法

深呼吸是最快、最简单的调节情绪的方法。"心浮气躁""心神不宁""心乱如麻""心焦如焚"，都是指心情紊乱和情绪及精神状态的关系。遇到这种情况时，最简单的做法就是深呼吸，双肩自然下垂，慢慢闭上双眼，然后慢慢地深深地用鼻子吸气，吸到足够多时，腹部微微隆起，憋气 2 秒钟，再把吸进去的气缓缓地从嘴巴呼出，重复这样的呼吸 20 遍。这种方法虽然很简单，却常常起到不错的效果。如果你遇到紧张的场合，或是不知道自己该怎么办、手足无措之时，不妨先做一次深呼吸放松。借由调气调息，摆脱情绪的牵扯，回到理性思考。

4. 积极暗示法

积极暗示，就是通过言语、体语、情境、物品等对心理施加正面影响的过程，比如听音乐、用名言警句激励自己等。考试前紧张时，反复告诫自己备考很充分，没有问题；在遭遇挫折时，安慰自己"要看到光明，要提高勇气"；等等。

5. 转移调节法

转移调节的方法包括转移环境、转移注意力、转移事件等。当情绪陷入难以自拔的状态时，转移调节法会给你带来不一样的心情。比如：出去郊游、画画、看电影……这样就可以把原来的负面情绪冲淡，重新恢复情绪的平和与稳定。

6. 主动寻求心理援助

每个人都可能有心理困扰，当感到自己无法解决心理困惑时，要有走进心理咨询室，找心理健康老师主动寻求心理援助的意识。

课后拓展

为了不把工作中的负面情绪带回家，为了不把家中的负面情绪带到工作中，可以坚持做以下两个积极心理暗示的练习。

练习一：开启美好的一天

当太阳升起的时候，美好的一天开始了。如何开启新的一天？

伸一个大大的懒腰，嘴角上扬。洗漱时，对着镜子，给自己一个微笑，然后对自己说："你很棒，我爱你"。

当洗漱完之后，请站在窗台前，面向太阳。大声地对太阳说："我的太阳，早上好！谢谢你给我的温暖，我的心里充满了阳光，感觉一天的美好就要开始了。"

太阳听到了你的问候，向你提出三个问题：

今天有什么事让你感到高兴？

今天有什么事值得你去追求？

今天有什么好事在等待着你？

你一定要大声回答太阳对你的问话，一定要认真回答！

这时你的心情沐浴着阳光，你的一天将是充满激情与快乐的一天！

练习二：梳理一天的情绪

夜晚，月亮挂在了你的窗口。你洗了一个舒服的热水澡，顿时身心得到了完全的放松。对自己温柔地说："好样的，辛苦了！今天又是收获满满的一天。"

月亮女神温润的手掌放在你的双眼上，她轻轻地问你：

今天有什么事让你感到高兴？

今天有什么事值得你感恩？

明天有什么好事在等待着你？

你一定要默默地回答月亮的问话，一定要认真回答！

慢慢地，你进入了美丽的梦乡！

练习至少要坚持三个月，你将收获不一样的自己，你会看到不一样的世界！

延伸阅读

情商（EQ）

情商，即情绪智商，简称 EQ，是心理学家提出的与智商相对应的一个概念。情商是指一个人自我情绪管理以及管理他人情绪的能力指数。

下面，我们来看一个小故事：为何升职的是他？

李明上大学时是班上成绩最好的学生，在学校里也小有名气。大学毕业后，李明和另一个同学钱飞一同进入了一家不错的单位工作，但是不久李明却被辞退了，而各方面条件都不如李明的钱飞却成了部门副经理。李明心里很是愤愤不平，便去质问钱飞是采取了什么卑劣的手段实现升职的。钱飞平静地告诉李明，他是靠自己勤奋、踏实、细致的工作得到了领导的认同，靠言行得体、善于关心他人而与同事关系和谐。而不像李明那样，在单位里从不关心他人的感受，不能得到同事的认同，无法与团队融为一体。

EQ 概念的创始人是美国心理学家约翰·梅耶和彼得·萨洛维。两位学者当初提出的是"情绪智力"而不是"情绪智商"。1995 年哈佛大学心理学教授丹尼尔·戈尔曼博士在《情绪智商》一书中，正式提出了"情商"这个概念。

一般认为，情商包括以下五个方面的主要内容：

（1）认识自身的情绪。因为只有认识自己，才能成为自己生活的主宰。

（2）妥善管理自己的情绪，即能调控自己。

（3）自我激励的能力。能够使自己走出生命中的低潮，重新出发。

（4）认知他人的情绪。这是与他人正常交往，实现顺利沟通的基础。

（5）人际关系的管理。即领导和管理能力。

人们曾经认为，一个人能否在一生中取得成就，智力水平是第一重要的，即智商越高，取得成就的可能性就越大。但现在心理学家们普遍认为，情商高低对一个人能否取得成功也有重大的影响，有时其作用甚至要超过智商。

　　心理学家们认为，情商水平高的人具有这样的特点：社交能力强，外向而愉快，不易陷入恐惧或伤感，对事业较投入，为人正直，富于同情心，情感生活较丰富但不逾矩，无论是独处还是与许多人在一起时都能怡然自得。

施一公的时间分配

　　施一公，结构生物学家，中国科学院院士，西湖大学校长，曾任清华大学生命科学学院院长、清华大学副校长。

　　施一公非常热爱科学研究。他说，实验室内虽不见刀光剑影，但探索前沿难题时面临的种种复杂情况和惊心动魄，是超出很多人想象的，解决一个重大难题后的成就感也远非任何物质奖励可比。

　　回国前，施一公曾立下誓言：以科学研究为本职，要把50％以上的时间和精力用在实验室的研究课题上。为了做到这一点，他推掉了绝大多数的应酬和各种非学术会议，也限制自己每年参加国际会议的次数。

　　作为清华大学生命科学学院院长和医学院常务副院长，施一公把30％左右的时间用在了清华大学生命科学的学科建设和学生培养上，其中大部分时间花在面试来求职的海外年轻科学家上。他参与了近百次面试，录用了50多名PI（独立实验室负责人）来清华大学建立他们的独立实验室。

　　除了分配50％的时间在科研上，30％左右的时间在人才引进、学科建设等方面，施一公还有10％左右的可利用时间。这是他外出开会、评审、锻炼身体及放松的时间。施一公崇尚清华大学的体育锻炼传统，常常受"为祖国健康工作50年"口号的激励，至今保持每周跑步2～3次的习惯。他认为，强健的体魄不仅为他的长时间工作提供了保障，也给了他克服困难的动力。

模块 3

沟通与合作能力

模块导读

一个人时，学会思考；两个人时，学会倾听；三个人时，学会沟通与合作。沟通与合作是一项非常重要的能力，它不仅能够帮助我们建立良好的人际关系，还能够使我们的职业发展走向新高度。

沟通与合作能力包括倾听与赞美能力、有效沟通能力和团队合作能力等方面。在职场中，首先，需要具备良好的倾听和赞美能力，进而获取重要的信息，赢得对方的信任。其次，有效的沟通有利于更快地达成一致目标，也是保证事业成功的重要因素。最后，要学会团队合作，融入团队，才能事半功倍，更好地实现自我价值和团队目标。

在本模块中，我们通过学习倾听与赞美、有效沟通和团队合作等内容，提高沟通与合作能力，决胜职场。

任务 1　学会倾听与赞美

学习目标

知识目标：了解倾听、赞美的含义和重要性。

能力目标：掌握并运用倾听、赞美的技巧。

素养目标：培养良好的倾听和赞美素养，塑造职场良好形象。

职场故事

不善倾听　订单成空

乔·吉拉德是美国著名的汽车推销员，有一次，一位客户需要买车，客户对车很满意，并掏出 10 000 美元现钞，眼看就要成交了，对方却突然变卦而去。乔·吉拉德为此事懊恼了一下午，百思不得其解。到了晚上，他实在忍不住，打电话给那位客户，表明自己检讨了一下午，实在想不出自己错在哪里。

客户问："真的吗？那你在用心听我说话吗？"乔·吉拉德表示非常用心。客户说："可是今天下午你根本没有用心听我说话。就在签字之前，我提到了犬子吉米即将进入密歇根大学念医科，我还提到了犬子的学科成绩、运动能力以及他将来的抱负，我以他为荣，但是你却毫无反应。"

乔·吉拉德不记得对方曾说过这些事，因为他当时根本没有注意。乔·吉拉德认为已经谈妥那笔生意了，他不但无心倾听对方说什么，而且在听办公室内另一位推销员讲笑话。

各抒己见

1. 乔·吉拉德这次汽车推销没能成功的原因是什么？
2. 你以前是否遇到或者听过类似的案例？

学习感悟

　　倾听是职场所需的基本技能，职场人士每天要与上司、同事、客户沟通，需要认真倾听对方，才能理解其含义，满足对方的需求。乔·吉拉德正是由于没有认真倾听客户，让客户感受到了不尊重而错失了一个订单。职场中学会倾听，不但能获取重要的信息，还能表达对对方的尊重，赢得对方的信任。

活动导练

一、你说我听

【目标（object）】

提升学生倾听能力。

【任务（task）】

一组代表发言，另一组代表复述并谈感受，使学生领悟到倾听也是一种能力。

【准备（prepare）】

地点：教室；

材料和工具：纸、笔；

分组：将班级同学分成 4～6 组，选出小组长；

计划时间：约 15 分钟。

【行动（action）】

1. 各组分享时事热点或一本书，整理好发言提纲和内容。

2. 每个小组推荐一位代表到台上发言。

3. 请另一个小组的代表复述前一组同学发言的内容并谈自己的感受。要求各组代表把时事的关键词写在黑板上，明确核心主题；牢记 5W1H 技巧：who（何人）、where（何地）、which（哪一个）、what（何事）、when（何时）、how（怎么样），力求内容简洁。

4. 教师对每个小组的复述情况进行总结点评。

【评价（evaluate）】

评价表

内容	个人自评	小组互评	教师点评
观点明确、重点突出			
叙述简洁、通俗易懂			
基于事实、生动流畅			
主次分明、层次清楚			
声音洪亮、举止大方			

二、赞美练习室

【目标（object）】

引导学生认识并理解赞美的意义，体验赞美带给人的积极影响，掌握赞美的技巧。

【任务（task）】

每人写下赞美同桌的句子，并进行分享。

【准备（prepare）】

地点：教室；

材料和工具：纸、笔；

计划时间：约15分钟。

【行动（action）】

1. 每人在纸上写下2~3句赞美同学的话，比如：你今天很漂亮；你今天上衣的颜色很好看，衣服上的小太阳也十分可爱，整体搭配显得你更加阳光了！

2. 与同桌分享。

3. 听到赞美的同学向对方描述一下自己听到赞美后的感受。

4. 完成后，角色互换。

5. 教师邀请2~3组进行分享。

6. 教师总结点评。

【评价（evaluate）】

评价表

内容	个人自评	小组互评	教师点评
优点真实具体			
态度热情真诚			
积极参与活动			

知识链接

一、倾听与赞美的含义

倾听，不仅是生理意义上的"听"，更应该是一种积极、主动、有意识的听觉和心理活动。成功人士都会在表达自己的意见之前，把倾听别人和了解别人作为第一目标。倾听是达成共识的前提，是和谐沟通的纽带，是高效合作的加油站。

赞美，是指发自内心地对于自身所支持的事物表示肯定的一种表达。赞美并非对着别人夸夸其谈，也非见人就说好话，更不是堆砌好词佳句。真诚的赞美能让听者感到舒服、感动，产生愉悦、被认可与理解的感受，能促进沟通者之间的信任与合作的意愿。

二、倾听的艺术

在工作中，要面对的客户、同事很多，仅用心倾听还不够，还需要一些技巧来配合。

1. 眼睛显态度

人们常通过调整眼睛的落脚点传达一种认真、耐心的态度，通常遵循"金三角原则"。

（1）倾听的对象很熟悉，眼睛要看对方面部的倒三角，即双眼与嘴巴间的区域。

（2）倾听的对象比较熟悉，眼睛要看着对方面部的小三角，即以下巴为底线、额头为顶点的小三角形。

（3）倾听的对象不熟悉，眼睛要看对方面部的大三角，即以肩为底线、头顶为顶点的大三角形。

2. 耳朵听内容

（1）听观点：倾听时，既要关注对方表达的主要想法和观点，也要善于通过对方表面的"语言"和"非语言"信息听出言外之意。

（2）听感受：倾听时，要关注对方表达时的情绪感受和情绪状态，大多数时候理解了对方的感受，倾听就成功了一半。

（3）听目的：倾听时，要判断和理解对方的需求，明确对方只是为了倾诉还是为了解决问题。

3. 体态语言寻信息

在倾听时，一个无意识的动作，一点情绪化的态度，都可能影响到说话者的情绪和兴致。倾听者不仅需要关注自己的体态语言，更需要通过说话者的体态语言搜集信息。

眯着眼——不同意，厌恶，发怒，不欣赏，蔑视，鄙夷。

来回走动——发脾气，受挫，不安。

扭绞双手——紧张，不安或害怕。

向前倾——表示敬意或感兴趣。

抬头挺胸——自信，果断。

坐不安稳——不安，厌烦，紧张或者是提高警觉。

正视对方——友善，诚恳，有安全感，自信，笃定，期待。

避免目光接触——逃避，漠视，没有安全感，消极，恐惧或紧张等。

点头——同意或者表示明白了、听懂了。

摇头——不同意，震惊或不相信。

晃动拳头——愤怒或有攻击性。

打呵欠——厌烦，无聊，困。

搔头——困惑或急躁。

笑——同意或满意，肯定，默许。

咬嘴唇——紧张，害怕或焦虑，忍耐。

抖脚——紧张，困惑，忐忑。

抱臂——漠视，不欣赏，旁观心态，拒绝沟通。

眉毛上扬——不相信或惊讶，蔑视，意外。

4. 及时反馈促交流

倾听中及时反馈自己的意见，可以促进沟通双方的交流。反馈形式多样，常见的有以下几种：

（1）共情式反馈：站在对方的立场，体会与理解他此时的感受，确认自己所理解的与他的表述一致，比如"这件事让你很难受/开心，对不对？"

（2）提问式反馈：你所讲的是不是……你说你不想去学校，可以说说原因吗？

（3）体态语言反馈：用眼神交流、点头、记笔记等方式给予对方反馈。

（4）试探性反馈：告诉对方对其动作与语言的理解。例如："你刚才说喜欢这款产品，可是又皱了皱眉头，是不是有什么地方令你不太满意？"

三、赞美的艺术

1. 态度真诚

有礼貌，发自内心的赞赏。对一位其貌不扬的女孩，却对她说"你真是美极了"，对方会马上感到你是违心之言，过于敷衍。

2. 具体明确

赞美对方的优点或者有特色的具体特征和行为，可以从工作、性格、气质、技能等方面寻找赞美点。不能简单地说你真漂亮、你真聪明，可以这样赞美："您今天扎上这个蝴蝶结真的好有气质。"

3. 行动表达

善于用微笑、点头、鼓掌、眼神等肢体语言。同样的一句话，真诚平缓的语调表现出理解与接纳，急速高亢的声音表达出激励与认可。可以在说出赞美的语言的同时伸出大拇指或鼓掌以表示对别人的认可。

4. 因人而异

人的个性不同，能力不同，所以赞美应因人而异，突出个性、有特点的赞美会效果更好。老年人总希望别人记得他们年轻时的业绩和雄风，所以可以多肯定他们引以为豪的过去；对年轻人可多肯定他的才能和敢想敢干的精神，所以可以说"一定会有一个可期的未来"。

5. 巧用话术

"事实＋感受＋具体评价"是最有效的赞美。赞美既要基于客观事实，也要表达真实感受，比如"你这次又向前进了一步（事实），比前两次强多了（感受），真是了不起（评价）！"

6. 一视同仁

要善于发现每个人的闪光点，不能厚此薄彼，如果有三个人，你只称赞了其中两个人，会让被赞美的人感到你不真诚，而是阿谀奉承或者别有用心，不被赞美的人会感到失落，会担心是不是你们之间有什么误会，影响人际关系。

课后拓展

1. 请写一段赞美的话送给自己的长辈（特别是父母）或朋友。

_____

_____

_____

2. 请记录过去一周自己赞美别人和别人赞美自己的话。

_____

_____

_____

_____

延伸阅读

倾听五大禁忌

倾听时如果让人感到不被尊重，就不能产生良好的效果，因此倾听有以下禁忌。

1. 随意打断别人

有的人会在他人还未说完话的时候，在还没把对方的意思听懂、听全的情况下，就迫不及待地打断对方，急于发表自己的观点。心理学家研究发现，人都有"完成"的心理倾向，即人都喜欢把某一件事彻底完成之后，接着再做其他事情。说话也是如此，一个人在说话时，如果还没有把心中想说的话说完就被打断了，心里就会觉得不舒服。因此，在倾听别人说话时切忌随意打断别人。

2. 心不在焉

每个人都希望自己所说的话能有人听见、被人理解，任何心不在焉的反应都会让我们失去继续说下去的意愿。比如东张西望、左顾右盼、乱写乱画、胡乱摆弄手指、看手表等，这些小动作传递给别人的信息就是："我对你所讲的内容根本不感兴趣，快点说完吧！"这种行为是不尊重对方的表现，会极大地挫伤对方说话的积极性，导致沟通中断。

3. 把话题扯远

在交谈过程中，用相关的话题向说话者提问能引导和激发对方的谈话兴致，鼓励对方继续说下去，同时也能表明我们在认真倾听对方说话。但如果用不相关的提问打扰对方说话，甚至把话题扯远，就会妨碍对方的谈话思路，使他无法完整地表达自己的思想，同时还会让对方有一种不被尊重的感觉。

4. 随意给予评判

倾听时，我们的任务就是理解对方的体验、感受、态度或观点，千万不要评判对方说得正确与否，否则只会引起对方的反感和厌恶。因此，在倾听别人谈话时，我们只需保持中立的听和理解就可以了，无须作过多的评论。

5. 随意提出建议

倾听只是为了让对方把他想说的东西讲出来，但是在现实生活中，有些人总是试图去为别人解决问题。很多时候，倾诉者需要做的并不是如何解决问题，而只是做一个安安静静的倾听者。当然，如果对方需要你提供建议，也应该等对方把话说完。这样一方面我们已经完全了解情况，能够提出更恰当、更合理的建议；另一方面，对方把他想说的话说完之后，才有可能平心静气地考虑我们的建议。

职场 15 句经典赞美的句子

1. 你今天看上去很棒。（每天都可以用）

2. 你干得非常好。（国际通用的表扬）

3. 我们十分为你骄傲。（最高级的表扬）

4. 你看上去真精神。（与众不同的表扬）

5. 你说话总是很得体。（高层次的表扬）

6. 干得好！（极其地道的表扬）

7. 你的孩子很可爱。（父母绝对喜欢听的表扬）

8. 我对你的工作表示敬意。（全世界通用的表扬）

9. 你的个性很好。（非常安全的表扬）

10. 你的事业很成功。（人们非常喜欢听）

11. 你非常专业。（专业化的表扬）

12. 我非常羡慕你。

13. 你很有天赋。

14. 你穿那种颜色很好看。

15. 你很有品位。

任务 2　实现有效沟通

学习目标

知识目标： 了解有效沟通的含义与原则。

能力目标： 掌握与上司和同事有效沟通的方法。

素养目标： 树立有效沟通意识，增强有效沟通能力。

职场故事

沟而不通　痛失机会

张阳毕业后在一家广告公司做策划，他聪明、干活利落，深得上司的赏识。一次，上司交给他一项重要的任务：按照上司的既定思路做一个详细的策划方案。张阳发现上司的思路有一个致命性的错误，于是张阳又找到上司。当时上司正和别人在说话，张阳当着他人的面直截了当地说："你的思路有一个错误，应该这样……"结果，上司将方案交给了别人做。尽管最终的策划方案的确不是上司预先的思路，但张阳的那位同事没有像他那样直接顶撞上司，而是私下同上司做了交流，上司主动改正了原有的思路，结果自然是皆大欢喜。

各抒己见

1. 张阳的做法有哪些不当之处？
2. 如果是你，你会怎么与上司沟通？

学习感悟

研究表明，70％以上的职场工作是在沟通中完成的，70％以上的职场问题是因为沟通不畅造成的，可见沟通对于职场人士的重要意义。张阳没有掌握与人沟通的技巧，不会换位思考，才失去了一次展示自我的机会。职场人士只有不断提升沟通能力，掌握沟通技巧，才能在人际交往中争取主动，提高工作效率和效果。

活动导练

一、传声筒游戏

【目标（object）】

了解信息传递过程中的"沟通漏斗"现象，掌握有效沟通的原则。

【任务（task）】

将纸条上的内容依次传递给下一位同学。

【准备（prepare）】

地点：教室。

材料和工具：纸、笔、耳塞。

分组：将班级同学分为 4 组，选出小组长。

计划时间：约 10 分钟。

【行动（action）】

1. 教师给每组准备不同的传话内容，并将其写在纸上，放进盒子里，纸条内容可为"我们要思考，要摸索，再也不莽撞行事""兔子不吃窝边草，好马不走回头路，船到桥头自然直"等。

2. 每个小组的第一位同学抽取盒子内的纸片，并将自己所看到的内容传递给下一位同学，声音仅两人可听见，只说一遍，不进行传话的同学戴上耳塞。第二位同学再向第三位同学复述，以此类推。最后一位同学说出自己听到的内容，若与纸上内容一致，则传话成功。

3. 教师点评每个小组传话的效果，并组织学生对传话过程进行讨论。

4. 教师总结点评。

【评价（evaluate）】

评价表

内容	个人自评	小组互评	教师点评
积极参与活动			
认真耐心倾听			
精准传递信息			

二、撕纸游戏

【目标（object）】

掌握换位思考、主动沟通等技巧。

【任务（task）】

按照教师的指令完成撕纸任务。

【准备（prepare）】

地点：教室。

材料和工具：A4 纸，每人两张。

计划时间：5~10 分钟。

【行动（action）】

1. 给所有的学生发一张纸，按照教师的指令去做，任何学生都不能发声（可以要求学生闭上眼睛）。

2. 教师引导学生将纸对折一下，然后再对折一下，在右上角撕去一个角，然后转动 180 度，再将手中所拿纸的左上角撕去，然后把纸打开。大家会发现各种不同的图形，有些学生的图形和教师所撕的图形是不相同的。

3. 再发给所有学生一张纸，重复做上面的动作，只不过这次学生在做的过程中可以向教师发问，提出自己的一些疑问及不清楚的地方。譬如问清楚对折是横折还是竖折，折过后的开口朝哪个方向等。在此基础上做完全过程，然后要求学生将纸打开，会发现图形不一致的现象还是存在，只不过较上次少了很多。

4. 引导学生探询图案不一致的原因。

5. 教师总结点评。

【评价（evaluate）】

评价表

内容	个人自评	小组互评	教师点评
积极参与活动			
与教师图案一致程度			
积极与教师沟通			

知识链接

沟通是人与人之间的交流活动，是为了一个预先设定的目标，借助语言、文字、图像、符号、手势等表现形式，将思想、观念、情感、态度等信息在个体或群体之间传递交流，以达成共识的行为和过程。有效沟通就是经过交流，快速而准确达成一致协议的过程。只有当沟通中的双方都能准确理解并与对方达成一致，实现共赢，沟通才是有效的。

一、有效沟通的 6C 原则

有效沟通，就是我们在沟通时，需要达到信息被接收（被听到或被读到）、信息被理解、信息被接受、使对方采取行动（改变行为或态度）这四个目标，四个目标的层次是依次递进的，越往后难度越大，得到的反馈越少。因此达到有效沟通需要遵循 6C 原则：清晰（clear）、积极（constructive）、简洁（concise）、准确（correct）、礼貌（courteous）、完整（complete）。

清晰原则：表达的信息需逻辑清晰，能被对方理解。

积极原则：要主动沟通，主动的态度能为自己赢得机会，也能有效化解沟通冲突。

简洁原则：要尽可能用简洁明了的文字表达信息，10 秒之内说清观点最好。

准确原则：不同的用词会带来不同的理解和沟通结果，因此信息传递一定要准确。

礼貌原则：礼貌是影响沟通的重要因素，从言语到行为要遵守基本的职场礼仪。

完整原则：表达的信息没有遗漏，描述完整，防止出现"盲人摸象"的现象。

二、与上司沟通的原则

1. 尊重原则

沟通时，我们对上司要做到尊重而不吹捧，具体体现为：

（1）沟通态度要主动，维护上司的威信和地位。上司要承担更多的责任，下属需要每周、每月或者定时向上司汇报工作。此外，请示领导时，不能只是提出问题，要提出问题的解决方案，不要让领导做问答题，而是做选择题，如"我想到了两个办法，您看哪一个更好"，这样既可以更好地完成工作，还能因为适当的交流加深情感。

（2）服从上司的安排，执行力强。对于上司分配的任务，要迅速做出反应，同时要形成闭环反馈，即从接收、执行到完成，要及时汇报工作进程和完成情况，让上司了解你的工作进度。上司分配任务时千万不要说"这事很难办""这事你不懂""太晚了"。

（3）和上司不一致的意见，学会用恰当的方法表达。一是要注意说话的技巧，少用"但是、可是、就是"等转折性强的词，转折语气往往是对前面内容的否定，会让人有抗拒情绪，可多用"同时"，如"经理，您的想法我能理解，同时我认为这样做更好一点"。二是最好说出自己的建议和根据，1分钟之内说清楚，这在一定程度上是你工作能力的体现。

2. 适时原则

要使与上司的沟通更为有效，要选择合适的时机，具体体现如下：

（1）选择上司相对空闲的时候。沟通之前可以通过电话、微信等方式主动预约，也可以请上司指定沟通时间、地点。

（2）选择上司心情愉悦的时候。不同的情绪状态会产生对事情不同的理解和认知，领导也是普通人，所以当对方心情不好的时候，最好不要去打扰，特别是提要求、说困难或者是表达自己与领导不一致的看法的时候。

（3）选择能单独交谈的机会。尽量选择和上司一对一沟通，这样既给自己留有回旋余地，又有利于维护上司的尊严。

3. 工作原则

上下级之间的关系主要是工作关系，所以与上司的沟通要遵循工作原则，也就是双方都要摒弃彼此之间在个性、观念等方面的不同，也要摆脱职位、地位的限制，用客观、理性的目光看待工作关系，任何时候都要以解决工作问题、完成工作任务为第一要务。

三、与同事沟通的原则

1. 四互原则

（1）互相尊重。只有尊重别人才能获得别人的尊重，所以与同事沟通应避免侵略性的语言，更要注意尊重各自的文化差异，如不能说"那是你的事，自己看着办吧""你们那里怎么还会有这样的习俗"之类的话。同事之间的关系是以工作为纽带的，一旦失礼，创伤难以愈合。

（2）互相支持。在你遇到难题时希望得到怎样的支持，你就怎样去支持别人，相互补台，才能双赢。另外，对同事的困难表示关心，对力所能及的事应尽力帮忙，这样会增进双方之间的感情，使关系更加融洽。

（3）互相体谅。同事之间难免会因为性格、看法等不同有分歧甚至产生误解和冲突，要学会换位思考，理解对方，求同存异，互相体谅。

（4）互相赞美。同事之间沟通要学会适度赞美，既能拉近关系，也能提升沟通效果。

2. 五不原则

（1）不谈论私事。同事沟通中不要过多谈论私人生活，更不要倾诉失恋、婚变等危机事件，友善不同于友谊。

（2）不自我炫耀。不要炫耀自己的地位或者财富、容貌或者才华，如"这事也就我能干成"，这在无形之中等于在贬低别人、凸显自己，容易引起别人的反感和排斥。

（3）不威胁别人。不要拿领导压人，如"这事领导很重视，你看着办吧"。

（4）不口无遮拦。与同事沟通切忌口无遮拦，直来直去，想到什么就说什么，自己的一时之快容易伤害别人，进而给自己带来困扰。

（5）不谈论是非。与同事沟通时不谈论是非，谈论别人是非者往往自己也可能成为是非的中心。

课后拓展

沟通能力测试

1. 你主动与别人打招呼吗？

A. 经常　　　　　　B. 偶尔　　　　　　C. 不

2. 你讲话时有口头禅吗？

A. 不　　　　　　　B. 偶尔　　　　　　C. 经常

3. 你常常赞美别人吗？

A. 经常　　　　　　B. 偶尔　　　　　　C. 不

4. 你是否在寒暄之后，很快能找到双方共同感兴趣的话题？

A. 经常　　　　　　B. 偶尔　　　　　　C. 不

5. 你能够适时地把信息传递给合适的人吗？

A. 经常　　　　　　B. 偶尔　　　　　　C. 不

6. 沟通前，你会认真思考沟通内容吗？

A. 经常　　　　　　B. 偶尔　　　　　　C. 不

7. 评价他人时，你会努力排除个人成见吗？

A. 经常　　　　　　B. 偶尔　　　　　　C. 不

8. 会见他人时，你能做到态度积极、礼貌周到吗？

A. 经常　　　　　　B. 偶尔　　　　　　C. 不

9. 假若别人谈到你不感兴趣的话题，你会随时打断对方吗？

A. 不　　　　　　　B. 偶尔　　　　　　C. 经常

10. 当你情绪不好时，你会把情绪发泄到他人身上吗？

A. 不　　　　　　　B. 偶尔　　　　　　C. 经常

11. 每次在重要场合说话时，你都能自然大方表现自己吗？

A. 经常　　　　　　B. 偶尔　　　　　　C. 不

12. 你是否觉得和别人建立友谊是一件很难的事？

A. 不　　　　　　　B. 偶尔　　　　　　C. 经常

13. 你是否能够用简单的语言来表达复杂的意思？

A. 经常　　　　　　B. 偶尔　　　　　　C. 不

14. 你是否能积极引导别人把想法表达出来？

A. 经常 　　　　B. 偶尔 　　　　C. 不

15. 与人交谈时你能注意到对方所表达的情感吗?

A. 经常 　　　　B. 偶尔 　　　　C. 不

计分规则：选 A 得 5 分，选 B 得 3 分，选 C 得 1 分

结果解释：

得分在 60 分以上，说明你有良好的沟通能力，你是一个受欢迎的人。

得分在 45～59 分，说明你的沟通能力还可以进一步提升。

得分在 45 分以下，你需要好好反省自己，尝试改变。

延伸阅读

有效沟通的"漏斗理论"

沟通漏斗是指沟通过程中信息传送所呈现的逐渐减少的趋势。一个人心里想的是 100% 的东西，当他在众人面前、在开会的场合表达出来时，已经漏掉 20% 了，他说出来的只有 80%。而当这 80% 的东西进入别人的耳朵时，由于文化水平、知识背景等原因，仅剩 60% 了。实际上，真正被别人理解了的东西大概只有 40%。等到这些人遵照领悟的 40% 采取具体行动时，内容已经变成 20% 了。

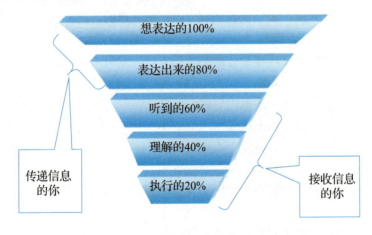

沟通漏斗

为什么会出现这种层层漏掉信息的情况? 我们应该怎么避免呢?

第一个漏掉的 20%（你心里想的 100%，你嘴上说了 80%），其原因可能是：没有记住重点；不好意思讲。对策：写下要点；请别人代讲。

第二个漏掉的 20%（自己嘴上说了 80%，别人听到了 60%），其原因可能是：自己在讲话时有干扰；他人听话时有干扰；没有记笔记。对策：尽量避免干扰；认真记笔记。

第三个漏掉的 20%（别人听到了 60%，别人听懂了 40%），其原因可能是：表达不清楚或对方没理解。对策：反复确认，了解对方有没有其他想法。

第四个漏掉的 20%（别人听懂了 40%，别人行动了 20%），其原因可能是：缺少方法技巧；缺少监督。对策：变更工作分工；传授具体方法技巧；加强监督。

非暴力沟通助力解决冲突

非暴力沟通也被称为"爱的语言"，是指沟通中使用非暴力语言，也就是让对方听着舒服、不伤害自尊的语言，使人感到温暖的语言。与之相对的是暴力沟通，也就是在沟通的时候说话者言语上的指责、嘲讽、否定、比较、说教或者强人所难、任意打断、随意出口的评价和结论。暴力沟通给听者带来的情感和精神上的创伤甚至比肉体上的伤害更加让人痛苦。比如拿自己的孩子与其他孩子比较"人家能学好，就你学不好"，或者评判对方"你不懂""你说些什么呀""你总是这样"，甚至是指责嘲讽"真没用""傻子""真笨"，这些暴力语言会使沟通过程变得"粗暴"，甚至让人与人之间变得冷漠、敌视。

非暴力沟通具体分为以下四步：

第一步，要注意观察特定的时间和情境中发生了什么事。要不带评论地观察，客观描述事实，事实是最不容易引起对方反感的东西。注意避免将观察和评论混为一谈，评论会让别人听到批评，并反驳我们。例如要说"你一周迟到了三次"，而不是说"你是个爱迟到的人"。

第二步，要体会和表达感受。表达自己的难过、忧伤、痛苦、孤独、慌乱、开心、愉悦等。我们习惯于考虑"人们期待我怎么做"，而忽略了自己内心真实的感受，所以要学会觉察和表达自己的感受。

第三步，要讲自己的需要。非暴力沟通重视每个人的需要，它的目的是帮助我们在诚实和倾听的基础上与人联系，如妻子想让丈夫早点回家，可以这样说："因为我希望我们的家像一个家，大家在一起，一块儿吃饭，一块儿聊天，这才是家的感觉。"

第四步，要讲出一个清晰明确的要求。明确告知他人，希望有怎样的结果，期待对方通过什么措施来解决问题。

综合以上四步，非暴力沟通可以转换成以下表达方式："当……（客观事实），我觉得……（感受），因为……（需要），你可不可以……（解决方案）"，借助这种沟通方式，不仅能疗愈内心，舒缓愤怒、沮丧等负面情绪，也能化解冲突，达到良好的沟通效果。

任务 3 加强团队合作

学习目标

知识目标：了解优秀团队应具备的条件。

能力目标：掌握更好融入团队的方法。

素养目标：树立团队意识，学会团队合作。

📑 职场故事

孤掌难鸣

小王毕业后进入一家公司做技术员，他拥有出色的学历和很强的能力，可是小王干了三年，那些比他来得晚的、学历和能力都不如他的人都升职了，而他一直停留在原地。小王不忍老板的冷落，提出了辞职，他认为老板会因为他出色的能力而挽留他，可他没想到的是，老板很快就批准了。小王不明白老板为什么这么做。原来小王每次执行团队的重要任务时，都会因为一意孤行出现问题，同时也不能与其他成员很好地相处，这样不仅影响团队的成绩，也影响公司的效益。公司更希望的是团队能团结合作，只有这样才能提升团队的战斗力。小王终于明白了自己的问题出在哪里，但是为时已晚。

➡ 各抒己见

1. 小王应该如何更好地融入团队？
2. 请分析如何提升团队协作能力？

➡ 学习感悟

"一人知识有限，众人智慧无穷"。合作的力量是无穷的，团队作战能取得意想不到的结果。不管一个人多么有才能，但集体常常比单个人更聪明和更有力。其实，不管我们在职场，或在生活、学习中，学会与人合作往往能让我们事半功倍。

⚙ 活动导练

一、团队意识训练

【目标（object）】

提高学生的团队合作意识，培养团队合作能力。

【任务（task）】

给自己的团队起名、确定口号，组内每位成员向组内其他成员做自我介绍，并向其他组介绍自己的团队成员。

【准备（prepare）】

地点：教室。

材料和工具：号码纸（数字1～8，根据班级人数准备4组或者6组）、A3纸、水彩笔若干，下载《我相信》歌曲。

计划时间：约20分钟。

【行动（action）】

1. 随机分组：大家采用随机抽签的形式，抽到相同数字的同学为一组。
2. 确定小组长：让每个小组自行选出组长。
3. 确立小组名：组长组织成员给本小组取名，要求组名能代表小组成员的精神风貌，并写在A3纸上。
4. 确立小组口号：组长带领小组成员确立代表本小组风貌的口号，并写在A3纸上。

5. 轮流介绍自己：每人轮流介绍自己，并取个组内用的名字，要求组内名字代表自己的个性，其他成员要记住成员的组内名字。

6. 小组分享：每个小组上台分享自己小组名字、共同呼喊口号，并介绍组内成员（用组内名字介绍），要求整齐、有气势、有创意。

7. 全班同唱《我相信》，对全体同学进行鼓励，激励他们抓住机会，勇于奋斗。

8. 教师总结点评。

【评价（evaluate）】

评价表

内容	个人自评	小组互评	教师点评
团队协作性			
团队表现效果			
团队创意			

二、我是你的眼

【目标（object）】

提升学生团队信任和协作能力。

【任务（task）】

给"盲人"队友做向导，走完规划路线。

【准备（prepare）】

地点：室外。

材料和工具：两组一样的号码纸（抽签时需要打乱）、眼罩或者纱布均可。

计划时间：约 20 分钟。

【行动（action）】

1. 随机抽签，抽到相同数字的两个人结为一组。

2. 教师规划路线，可以从教室到校园某个小花园再到操场。

3. 一名同学带上眼罩作为盲人，另一名同学作为向导，带着看不见的"盲人"队友，在教师带领下行进，向导不能说话，只能通过身体语言给予提示，比如抬手表示要上楼梯，中途两人互换角色。

4. 分享活动感受。

5. 教师根据各组走完规划路线的时间和表现进行总结点评。

【评价（evaluate）】

评价表

内容	个人自评	小组互评	教师点评
相互信任度			
相互配合度			
小组行进速度			

⊕ 知 识 链 接

一、优秀团队的特点

团队是由两个或者两个以上的个体为了特定目标而按照一定规则结合在一起的正式群体。团队协作是团队为了一个共同的目标相互支持和合作奋斗的过程。优秀的团队能够提升团队的竞争力，能够给予成员充足的归属感和价值感。优秀的团队具有以下共同特质。

1. 有高效的领导者

火车跑得快，全靠车头带。一个优秀的团队需要果敢高效的领导者。高效的领导者对外能根据形势发展准确把握团队发展的方向，对内能知人善任，能用人不疑，能发挥每个人的特长，能及时对团队成员提供指导与帮助、支持与鼓励，能强有力地带领队员完成团队的目标与任务。

2. 有明确的共同目标

优秀的团队必须有明确一致的目标，这是推动团队进步的动力，明确的工作目标能引领着成员朝着正确的方向前进，使全体成员在共同目标的基础上凝聚在一起，形成坚强的团队，团结协作，为共同目标而奋斗。

3. 有清晰的分工与合作

优秀团队分工合理，并有严密的工作流程。每个成员都非常明确自己的职责与任务，并且清楚了解自己的工作在整体工作中的顺序和位置，成员既能在工作中发挥优势完成各自的任务，也能与其他成员很好地协作实现团队目标。

4. 有彼此信任与尊重的团队关系

相互信任与尊重是团队合作的基础，信任与尊重需要成员之间学会换位思考，需要发现团队成员的优点与长处，更需要相互包容彼此的缺点与不足，做到求同存异，才能有利于团队的长远发展。

5. 有完善的规章制度

优秀的团队都有完善科学的规章制度，这样可以使团队成员有章可循、有章可依，也使管理工作和人的行为制度化、规范化和程序化，团队井然有序、纪律严明、凝聚力强。

二、提升团队协作能力的途径

1. 增强合作意识

团队中成员之间取长补短，协同合作，就能够获得"1＋1>2"的效果，帮助团队达到最高工作效率。自然界的狼群是这方面的范例。攻击目标既定，群狼起而攻之，头狼号令之前，群狼各就其位，各司其职，嚎声起伏而互为呼应，默契配合，有序而不乱。在狼成功捕猎过程的众多因素中，严密有序的集体组织和高效的团队协作是其中最重要的因素。

2. 树立大局观念

大局观念是团队协作顺利进行的保障，需要着眼全局，需要主动了解团队需要自己做什么工作，需要遇到问题主动承认自己的错误，只有树立大局观念，才能够帮助团队更快地向前发展，从而更好、更快地达到既定目标。

3. 提升沟通能力

沟通能力是衡量团队协作能力的重要指标。多换位思考，少以自我为中心，主动与别人交流自己的看法和认识，提升团队合作效果，同时学会正确地表述自己所做的工作，以获得团队成员的理解与分享。

4. 处理好人际关系

和谐的人际关系是团队实现目标的重要因素。要学会尊重团队成员，尊重别人的生活习惯、兴趣爱好、人格。要平等友善地对待对方，让对方感到安全、放松、有尊严。要真诚待人，真诚才能产生感情的共鸣，才能收获真正的友谊。要宽容，对非原则性的问题不斤斤计较，宽容大度。要诚信，信守承诺，一旦许诺，要想办法实现，以免失信于人。

5. 善于处理冲突

团队成员之间出现冲突是不可避免的，善于妥协、合作、暂时回避是常用的化解冲突的技巧。善于妥协策略是冲突双方都愿意放弃部分观点和利益，并且共同分享冲突解决带来的收益或成果的解决方式，是化解冲突常用的方法。合作策略是寻找互惠互利的解决方案，尽可能使双方的利益都达到最大化，而不需要单方做出让步的解决方式。合作策略虽然能"双赢"，但要达成协议需要一个漫长的谈判过程。暂时回避策略是当对方过于冲动时不妨暂时回避，让对方冷静下来以创造解决冲突的条件。

三、团队中不受欢迎的人

1. 过于爱找借口的人

爱找借口的人，工作出现问题从来不会从自己身上找原因，而是为了推卸责任一味地寻找借口甚至把责任推到别人身上，这种人缺乏担当意识与责任意识，是走不远的。

2. 过于爱突出自我的人

一个人能力再强，但团队合作能力差，爱突出自我，不能很好地与其他团队成员进行协作的话，就会很难与团队成员一起实现目标。

3. 过于斤斤计较的人

虽然一个优秀的团队需要明确各位成员的职责与分工，但为了长远发展，很多时候也需要完成额外的工作，有的人只为了眼前的利益，过于斤斤计较，只想收获，不想付出，爱占小便宜，其他人就会认为你是一个不好合作的人，久而久之，就不愿与你交往与合作，慢慢就会成为团队的边缘人。

4. 过于有心计的人

一个优秀的团队需要队员之间的高度信任，如果一个人工于心计，背后做一些对队员不利的事情，可能短时间内能获得利益，但是日久见人心，这些心计总会被人看透，同时你用什么手段对待别人，别人也会用什么手段对待你。

5. 没有学习意识的人

随着知识的快速更新，一个人的知识结构也需要与时俱进，时代需要什么，团队发展需要什么，个人发展需要什么，我们就需要学习什么，有的人是脚已经迈进 5G 时代，可脑袋还在 2G 时代，就会慢慢落后，不能满足团队发展的需要。

6. 没有任何特长的人

每个人在团队里都要承担自己的角色和任务，犹如唐僧师徒四人西天取经，每个人都能发挥自己的特长，担起自己的责任才能取经成功。有的人擅长技术工作，有的人擅长处理人际关系，如果一个人不擅长任何工作，在团队里很难发挥自己的作用。

课后拓展

团队协作能力自测

在团队中，团队协作能力是指自己与团队成员间密切配合、相互协助，有效解决问题的能力。为了了解你的团队协作能力，请认真回答下列问题。

1. 你如何看待团队成员之间的协作？

A. 三个臭皮匠顶个诸葛亮

B. 可以提高团队绩效

C. 有时阻碍个人才能的发挥

2. 你如何看待团队成员的缺点？

A. 缺点也可以转化

B. 缺点不影响优点的发挥

C. 缺点需要改正

3. 在团队中，管理者如何为团队成员分配工作？

A. 根据其特长

B. 根据其性格

C. 根据其资历

4. 当你听到他人被认为能力不强时，你如何认为？

A. 也许没有发现他的特长

B. 也许没有展现他的特长

C. 应该学习提高

5. 你如何评估团队中的每一位成员的价值？

A. 既然是团队成员，都有价值

B. 可能能力不同，价值不同

C. 能力就是价值

6. 管理者如何让团队成员间保持良好的协作关系？

A. 建立适于发挥特长的协作机制

B. 通过流程加以约束

C. 通过硬性规定实现

7. 如果你的团队中，有成员确实影响了团队绩效，你如何办？

A. 加强沟通，及时解决问题

B. 用替补成员进行替换

C. 限期改正，否则离开团队

8. 你如何理解"人多力量大"这句话？

A. 只有协作好，力量才能大

B. 可能不是个人力量的简单相加

C. 有时未必这样

9. 当你成为团队中主要的成员时，你如何看待自己？

A. 我离不开团队

B. 继续发挥自己的作用

C. 团队离不开我

10. 7 个和尚分粥，你认为哪种方式能够长期协作下去？

A. 轮流分粥，分者最后取

B. 一个和尚分，一个和尚监督

C. 对分粥者进行教育

计分规则：选 A 得 3 分，选 B 得 2 分，选 C 得 1 分。

结果解释：

得分在 24 分及以上，说明你的团队协作能力很强，请继续保持和提升。

得分在 15～23 分，说明你的团队协作意识不强，请努力提升。

得分在 14 分及以下，说明你的团队协作能力一般，需要及时提升。

🔍 延伸阅读

团队建设的新"五指理论"

新"五指理论"主要是针对团队建设提出的，5 个指头代表一个团队必需的团队角色。

1. 大拇指——领导者

大拇指扮演领导者的角色，第一是明确团队的目标和方向；第二是决策，领导在团队的决策问题上有着绝对的重要性；第三是帮助确定团队中的角色分工、责任和工作界限。

2. 食指——执行者

这个角色的作用和实干家一样，第一是需要把谈话与建议转换为实际可行的步骤；

第二是考虑什么是行得通的，什么是行不通的；第三是整理建议，使之与已经取得一致意见的计划和已有的系统相配合。

3. 中指——监督者

这个角色相当于团队角色理论中的监督者。他的作用在于：第一是分析问题和情境，在方案中寻找并指出错误、遗漏和被忽视的内容；第二是对他人的判断和作用做出评价；第三是对已经形成的行动方案提出新的看法。

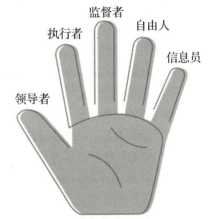

4. 无名指——自由人

无名指是连着左右两根手指的，单独活动不太灵活，但是如果配合左右两根手指活动的话效果就好很多。团队中有一名能配合他人的自由人是一个很好的配置。因为虽然他独立开来做事很困难，但他什么都能做一点，这也能帮那也能帮，关键是有他的配合会产生"1+1＞2"的效果。

5. 小拇指——信息员

小拇指长在最外面，所以消息最灵通。团队要求这个角色思维敏捷、主动探索，需要有比较广泛的人脉，还需要有较强烈的责任心。这个角色的作用在于：第一是积极为团队引入外部信息；第二是接触持有其他观点的个体或群体；第三是能参加磋商性质的活动。

每个人都有自己的优点和缺点，正因为如此才需要合作来弥补各自的不足。所以要认清自己，有多大的能力就做多大的事；要定位好自己，找好自己在团队中的位置；要改变自己，不断适应团队中角色的相对变化。

"神十五"成功返回地球　从太空安全"下班回家"

2023年6月4日6时33分，圆满完成神舟十五号载人飞行任务的中国航天员费俊龙、邓清明、张陆安全返回，在东风着陆场成功着陆。神舟十五号载人飞船是东风着陆场执行的第四次载人飞船搜索和航天员救援任务，也是我国空间站应用与发展阶段东风着陆场迎接的首艘载人飞船和首个航天员乘组。此次任务是跨凌晨搜救行动，安全管控安全防范是这次任务的最大特点，一是要高度关注航天员的安全，二是要高度关注飞行的安全，三是要高度关注夜间车辆行驶的安全。东风着陆场开展了大量针对性准备工作，如岗位人员昼夜适应性训练，完善阵地保障条件建设，新研制了轻型材料返回舱操作平台，并开设了通信专业

训练营，重点对通信链路建立岗位进行针对性训练。

　　同时，酒泉卫星发射中心医院航天员医疗救护队根据任务特点制定了各种应急处置预案。针对不同的任务节点，针对性地实施卫勤保障工作，除配备常规医疗急救药品、设备外，还备有推进剂中毒专用解毒药物。三名航天员出舱后，很快被送进医监医保医疗救护车，由于在空间站里，神舟十五号航天员在微重力环境中生活了 6 个月之久，身体上会发生很大的变化，临近返回地球，为了重新适应重力环境，航天员必须做好身体上的准备，地面搜救人员也为他们提供了最舒适的医监医保环境。

　　分析：此次出舱活动，体现了高效团队的良好沟通能力和协作能力，"东风明白""北京明白"正是良好沟通与反馈的体现。正是由于相关人员和系统都能按照程序，密切协同开展工作，才能使这次出舱活动取得圆满成功。职场中，我们也需要能够认真准确倾听对方的需求，具备有效沟通的能力，能够很好地融入团队并发挥好自己的作用，只有这样，才能决胜于职场。

模块 4

数字技能

加快发展数字经济，促进数字经济和实体经济深度融合，打造具有国际竞争力的数字产业集群。优化基础设施布局、结构、功能和系统集成，构建现代化基础设施体系。

——党的二十大报告

任何职业都不简单，如果只是一般地完成任务当然不太困难，但要真正事业有所成就，给社会做出贡献，就不是那么容易的，所以，搞各行各业都需要树雄心大志，有了志气，才会随时提高标准来要求自己。

——谢觉哉

人工智能、大数据、云计算、物联网等技术的迅速发展创造了一个全新的数字化生存时空，智能手机与移动互联网爆发式增长与广泛应用，加速了数字化时代的到来。现在，人们能够使用手机、平板、电脑等网络终端设备足不出户地进行网购，随时随地订票订餐订酒店，方便快捷实现移动支付和在线理财，轻轻松松地在线学习和娱乐。这些生活方式的改变都与数字技术密不可分，数字技术在改变人们工作、学习、生活方式的同时，也改变着人们的思维和行为方式。拥抱数字时代，掌握数字技能，是每一位职业人参与经济和社会生活的时代需求和必备的生存技能。

本模块从数字技能的应用出发，以数字技能提效工作、数字技能助力学习、数字技能便捷生活为主线，通过"职场故事、活动导练、知识链接、课后拓展、延伸阅读"等主要教学活动，培养学生的数字意识，提升学生的数字素养，强化学生的数字技能。

任务 1 数字技能提效工作

学习目标

知识目标：熟悉数字技能的概念与分类。

技能目标：能够熟练地应用数字技能处理日常工作。

素养目标：培养学生职场中的数字意识。

职场故事

无所不能的 App

小明是某通信公司的员工，公司派他到某城市进行设备售后维护。接到出差任务后，小明首先打开手机上的 12306 App，订了一张到出差城市的高铁票，并使用平台约车服务预约好去高铁站的网约车。然后，小明使用百度地图 App，搜索目的地位置并使用"订酒店"服务在目的地附近预订了酒店。最后，小明通过添加客户微信，告知客户行程，约定设备售后维护等相关事宜。

> **各抒己见**
> 讨论：员工小明的出差行程使用了哪些新技能？

> **学习感悟**
> 员工小明熟练地运用各种手机 App，将出差行程变得轻松、高效和便捷。这些看似简单的手机 App 操作，实际上是员工小明熟练应用数字技能处理工作的体现。从小明

的出差行程可以看出，数字技能让我们的工作更高效！在数字化时代，每一位劳动者都需要掌握数字技能，并能够熟练地运用数字技能提效工作。

⚙ 活动导练

一、"数字技能知多少"导练

【目标（object）】

通过"数字技能知多少"活动导练，让学生建立数字技能的概念，认识数字技能在职场中的重要性，并掌握职场中常用 App 的功能、安装和使用方法。

【任务（task）】

小白今年刚毕业，入职了一家企业文秘岗位，为了做好文秘工作，她需要掌握职场中常用的数字技能。通过分析小白的需求，设置以下活动任务。

- 讨论职场中常用的数字技能。
- 在手机上安装职场中常用 App。
- 探究职场中常用 App 的功能和使用方法。

【准备（prepare）】

地点：教室。

材料和工具：海报纸、水彩笔、手机或平板。

分组：将班级同学分为 4 个小组，选出小组长。

计划时间：约 30 分钟。

【行动（action）】

1. 分组讨论职场中常用的数字技能有哪些，并记录在海报纸上。

2. 每小组选出一名同学，上台展示小组的讨论结果，老师对每小组讨论结果进行汇总。

3. 每个小组从所列 App 中选择一个安装到手机上，并对其主要功能、下载安装和使用方法进行探究，将探究结果写在海报纸上。

职场常用 App

4. 每个小组选出一名同学，上台分享 App 的主要功能、安装和使用方法等探究结果。

5. 进行小组自评、互评，教师对每小组探究结果进行汇总，并对各小组在教学活动各环节中的表现进行点评。

【评价（evaluate）】

评价表

评价内容	小组自评	小组互评	教师点评
分组讨论活动参与度			
小组讨论结果展现			
App 下载安装方法是否正确			
App 功能和用法探究结果			

二、制作"求职简历"导练

【目标（object）】

通过使用 App 制作"求职简历"，学会使用 WPS Office、百度、扫描全能王、最美证件照等职场中常用 App，从而提高工作效率。

【任务（task）】

面临毕业的小红，需要制作一份"求职简历"。经过任务需求分析，将"求职简历"制作分解成五个小任务。

- 在手机上安装 WPS Office、百度、扫描全能王、最美证件照等 App。
- 使用百度 App，搜索"求职简历"优秀案例，通过学习案例汲取制作经验。
- 使用手机 WPS Office App 的"稻壳模板"下的"简历"模板进行制作。
- 使用手机中的最美证件照 App，制作一张 1 寸证件照，添加到简历中。
- 使用手机中的扫描全能王 App 扫描求学期间获得的各种证书，添加到简历中。

【准备（prepare）】

地点：教室。

材料和工具：手机或平板。

分组：将班级同学分为 4 个小组，选出小组长。

计划时间：约 30 分钟。

【行动（action）】

1. 组长根据任务内容进行分工，小组同学分别在手机上安装 WPS Office、百度、扫描全能王、最美证件照等 App，分工合作进行"求职简历"制作。

2. 使用百度 App，上网搜索"求职简历"优秀案例，小组同学共同研习。

3. 打开 WPS Office App 中的"稻壳模板"，选择"简历"，每个小组分别选择"清新简约""个人简约""职场通用型""应届生通用"模板风格，进行"求职简历"制作。

4. 打开"最美证件照"App，制作 1 寸证件照，添加到"求职简历"中。

5. 打开"全能扫描王"App，扫描各种证书，生成图片，添加到"求职简历"中。

6. 制作完成后，每小组选一名同学简述作品制作过程，并进行作品展示分享。

7. 对"求职简历"制作过程进行小组自评、互评和教师点评。

【评价（evaluate）】

评价表

评价内容	个人自评	小组互评	教师点评
App 安装完成情况			
证件照制作、添加完成情况			
各种证书扫描、添加完成情况			
求职简历制作完成情况			
求职简历是否美观			

🌐 知识链接

数字技术的发展和应用，使得各类社会生产活动以数字化方式生成为可记录、可存储、可交互的数据、信息和知识。互联网、物联网等网络技术的发展和应用，使抽象出来的数据、信息、知识在不同主体间流动、对接和整合，深刻改变着传统的生产方式和生产关系。云计算、人工智能、大数据、量子通信等信息处理技术的发展和应用，大大提高了数据处理的时效化、自动化和智能化水平。新兴的数字技术推动了社会生产力快速发展，提升了社会经济活动的效率，数字技能成为人们必须掌握的生存技能。

一、数字技能的含义

数字技能是通过云计算、人工智能、物联网等信息通信技术生产、获取、分析、传输信息，并能够应用信息通信技术来批判性地评估和处理信息，以解决复杂问题，并确保数据安全等的能力和素养。

根据数字技能使用和培养需求不同，数字技能分为数字应用技能和数字专业技能。数字应用技能主要是针对非专业人员而言的能力，指社会大众在工作、生活中，使用各种电子设备获取、传输数字信息等的能力，具有基础性和普适性。数字专业技能主要是针对专业人员而言，指云计算、大数据、物联网、区块链、人工智能、5G 通信等数字技术领域的从业者需要掌握的开发、分析、整合数字信息等的能力，具有复杂性和创新性。

二、数字应用技能与常用的 App

1. 数字应用技能的含义

数字应用技能是指使用各种电子设备获取、传输数字信息的能力。目前，数字应用技能主要体现在人们操作智能手机、平板、电脑等电子设备处理工作、学习、生活中的问题的能力。尤其是智能手机，让人们轻轻松松实现了网上购物、在线教育、金融理财等活动，实现了线上与线下的无缝连接，不仅颠覆了人们的传统沟通方式，也大大拓展了数字化的应用场景。人工智能、大数据、物联网等新兴技术的应用，让智能手机的数字化应用场景更加丰富与多样，各种 App 如雨后春笋般地出现，不断刷新用户的使用体验。

2. 常用的 App

目前常用的 App 包括即时通信类 App，如 QQ、微信；购物类 App，如淘宝、京东、唯品会；移动支付类 App，如支付宝、微信；订票类 App，如携程、12306、去哪儿；导航类 App，如百度地图、高德地图；外卖类 App，如美团、饿了吗；学习类 App，如学习强国、我要自学网、网易公开课；音乐类 App，如百度音乐、酷我音乐；视频类 App，如优酷、腾讯视频；医疗类 App，如医事通、趣医院；等等。

3. App 下载安装的原则

App 下载安装非常简单，但是目前市场上 App 良莠不齐，在下载安装 App 时一定要慎重。

（1）一定要选择正规渠道下载安装。到官方网站、官方应用市场去下载，不明来源的链接、二维码等 App 一定不要安装。

（2）安装时注意"应用权限"，要查看 App 申请的权限是否与其功能有直接关系。比如，下载的是手电筒应用，却要求获取通讯录或地理位置，此时就应提高警惕。

（3）注意是否要求输入账号密码。山寨 App 的目的就是窃取用户账号密码，所以打开后很快会出现输入信息页面，而官方 App 一般没有输入信息页面，只有介绍页或引导页面。

（4）"破解版" App 不要装。不少 App 打着"汉化补丁""破解版""绿色版""省流量版"等旗号，将恶意代码嵌入。

（5）关注 App 的大小。App 大小一般在 1M～20M，功能越多，画面越复杂，体积也就越大。山寨 App 体积通常较小，一般不足 1M，为了能快速下载安装，一定要慎重。

（6）手机上最好安装病毒查杀、威胁防护等特色功能于一体的专业安全软件，定期对手机进行安全扫描。

三、职场常用的数字化平台和 App

在数字化时代，数字化平台和数字化工具的使用大大提高了职场中的工作效率。

1. 企业微信

企业微信是一个数字化办公平台，是为企业开发的专业办公管理工具。它简单易用，具有与微信一致的沟通体验。企业微信可方便地添加客户微信，能在单聊、群聊、朋友圈、视频号中向客户提供持续的服务，更有"微信客服"，为客户提供临时咨询服务。企业微信集成了文档、日程、会议、微盘等协作工具及打卡、审批、公告等 OA 应用，并与微信消息、小程序、微信支付等互通，提供丰富的免费办公应用，还提供丰富的第三方应用。企业微信也是一个统一的办公入口，同时支持接入由服务商代开发及企业自建的应用，助力企业高效办公和管理。企业微信为企业提供银行级别加密水平的可靠的数据安全保障。

企业微信采用注册使用，注册完成后，由企业管理员进行日常管理，企业员工使用微信手机端可以接收内部系统的消息和通知，方便地进行日常办公。

2. WPS Office

WPS Office 是一款办公软件套装，包括文字处理、表格处理、演示文稿、PDF 阅读、云盘存储等软件，可以轻松完成文字编辑、排版、制表、插图等操作；可以轻松地进行表格制作、编辑、排版、分析、计算和使用图表展示数据等，实现数据处理和分析；可以快速构建幻灯片演示文稿，添加图片、图表、形状、动画等，实现演示制作和演示展示；可以实现 PDF 文档的编辑和转换，包括 PDF 文档的分解、合并、提取、转换成多种文档格式；可以实现文档加密、签名、文档水印功能，保护文档安全。

根据不同的服务对象，WPS Office 推出了个人版、校园版、专业版、租赁版、移动版、公文版、移动专业版等。

WPS Office 移动专业版是基于 Android、iOS 等主流移动平台的 Office 应用产品，同时打通与 Windows、Linux 平台、WPS Office 产品的互联互通，用户不论通过 PC、智能手机还是平板，都能够获得统一的使用体验，享受到方便快捷的办公方式。WPS Office 移动专业版还通过应用认证、通信加密、传输加密等，保证了文档在产生、协同、分享的过程中以及和其他应用系统的通信过程中的安全，真正实现了安全无忧的移动办公。

3. 百度 App

百度 App 是百度公司推出的一款方便手机用户随时随地使用百度搜索服务的应用软件。是结合了搜索功能和智能信息推荐的移动互联时代的智能产品，以用户需求为基础提供更加丰富和实用的功能。依托百度网页、百度图片、百度新闻、百度知道、百度百科、百度地图、百度音乐、百度视频等专业垂直搜索频道，帮助手机用户更快找到所需，打造快捷手机新搜索。

4. 扫描全能王 App

扫描全能王是一款集文件扫描、图片文字提取识别、PDF 内容编辑、PDF 分割合并、PDF 转 Word、电子签名等功能于一体的智能扫描软件。扫描全能王的功能十分强大，它可以把你的手机变成一个随身携带的扫描仪，随时随地都能让你投入到工作中去。

5. 最美证件照 App

最美证件照 App 是 Camera360 中新增的一款功能强大的制作证件照 App，它提供背景处理、美颜调整、换衣三大编辑功能。它操作简单，只要在证件照相机模式下，按要求在拍摄辅助线内找准位置，软件便会自动扫描面部，生成原始照片，针对国内版本还提供了"在线下单""冲印制作""送货到家"的服务，帮助人们快速、便捷地制作出满意的证件照。

课后拓展

一、单选题

1. 在某电影中看到这样一个场景：某人回到家说了一声"灯光"，房间的灯就亮了，这应用了人工智能中的（　　　）。

A. 文字识别技术

B. 指纹识别技术

C. 语音识别技术

D. 光学字符识别

2. 越来越多的人习惯于用手机里的支付宝、微信等付账，因为很方便，但这也对个人财产的安全产生了威胁。以下哪些选项不可以有效保护我们的个人财产（　　　）。

A. 使用手机里的支付宝、微信付款输入密码时避免别人看到

B. 支付宝、微信的支付密码不设置常用密码

C. 支付宝、微信设置自动登录

D. 不使用陌生网络支付

3. 智能扫地机器人能对周围环境进行探测辨别，自动躲避障碍物，这主要应用了信息技术的（　　）。

A. 微电子技术

B. 计算机技术

C. 通信技术

D. 传感技术

4. 第 3 次信息化浪潮的标志是（　　）。

A. 个人计算机的普及

B. 互联网的普及

C. 云计算、大数据和物联网技术的普及

D. 人工智能的普及

5. 我们经常需要下载安装各种软件、App，以下哪个操作是比较恰当的（　　）。

A. 从官网、应用市场或应用商店下载安装

B. 通过搜索引擎进行搜索下载安装

C. 通过点击推荐链接下载安装

D. 通过扫描二维码下载安装

二、简答题

1. 什么是数字技能？

2. 智能手机 App 为什么要到应用市场或应用商店下载安装？

📖 延伸阅读

数字化与信息化

近年来，数字化与信息化一起，快速融入我们的工作与生活中。数字化和信息化的区别和联系是什么？

信息化是将企业的生产过程、物料移动、事务处理、现金流动、客户交易等业务过程，通过各种信息系统、网络加工生成新的信息资源。它可以使企业内各个层次的人员清楚地了解业务现况、流程进展等一切动态业务信息，从而做出有利于生产要素组合优化的决策，合理配置资源，增强企业应变能力，获得最大的经济效益。

数字化是基于大量信息化系统记录的运营数据，对企业的运作逻辑进行数学建模、优化，反过来再指导企业日常运行。这实际上是一个机器学习的过程，通过系统反复学习企业的数据和运营模式，然后变得更专业和更了解企业，并反过来指导企业运营。

信息化是数字化的基础，数字化是信息化的升级。数字时代是后信息时代，二者并没有严格的时间界限，目前是同时并存的，而且会长时间并存。信息化的作用是提高效率，延展人类的能力。数字化则是利用信息技术颠覆传统，在虚拟数字空间重构和创造

新的生产生活方式。没有信息化，根本谈不上数字化。例如，过去人们骑自行车，得先花全款买一辆自行车。一家自行车厂，引进了 ERP 系统提高生产和管理效率，这叫信息化。后来汽车普及了，导致自行车需求和销量急剧下降，很多自行车厂倒闭了，效率再高也没用。如今有人发现，人们对自行车的需求只是偶尔短途使用，没必要买一辆放在家里，只要在需要时拿出手机，刷一辆共享单车，就可以方便又经济地以临时租用的方式获取。共享单车模式彻底颠覆了传统的"生产—销售—买车—骑车"模式，并造就了自行车生产工厂、互联网平台、增值服务接入商、风险投资、维护服务商等新模式下各自获取利益的新生态。这就是数字化，而不是简单的信息化。又如，现在人们足不出户就可以通过网络或手机购买衣服、电子产品、家具等各种生活用品，订餐叫外卖，手机上看书，线上参加课程培训，甚至线上参观博物馆，彻底颠覆了过去逛街购物、线下消费为主的生活方式，导致许多商超门店等线下实体业务大规模缩减。这种颠覆性的改变，就不是简单的信息化，而是数字化。

任务 2 数字技能助力学习

学习目标

知识目标： 掌握用于学习的数字技能的常识。

技能目标： 能够熟练应用数字技能助力学习。

素养目标： 培养学生的数字健康意识。

职场故事

App 助力学习

小凡是一名中学老师，身为教师，她深知学习是一种生活方式，学习是终生的事业。进入数字化时代，小凡也与时俱进，借助各种新兴的 App 进行学习。她每天登录学习强国 App 进行学习，通过微信读书 App 进行在线阅读，新冠疫情期间，她通过"腾讯会议""钉钉""学习通"等 App 组织学生开展线上学习。

各抒己见

讨论：在日常学习中你经常使用哪些 App 来助力学习？

学习感悟

学习是文明传承之途、人生成长之梯、政党巩固之基、国家兴盛之要。习近平总书记在党的二十大报告中提出，要推进教育数字化，建设全民终身学习的学习型社会、学习型大国。数字化时代，学习强国、学习通、微信读书等众多优秀的学习类 App，不仅为我们创造了随时随地学习的机会，也大大提高了学习的效率和乐趣。数字技能，让我们的学习更高效、更便捷！

⚙ 活动导练

一、"学习类 App 知多少"导练

【目标（object）】

通过"学习类 App 知多少"导练，了解数字技能在学习中的应用，并学会从众多同类 App 中，选择合适的 App 助力学习。

【任务（task）】

小刚是一名中职生，请你为他推荐一个 App，帮助他学习英语。通过任务需求分析，设置以下任务活动。

- 了解常用学习类 App 有哪些。
- 查找英语学习类 App。
- 分析对比众多的英语学习 App，从中选择适合的进行推荐。
- 说明推荐的理由。

【准备（prepare）】

地点：教室。

材料和工具：海报纸、水彩笔、手机或平板。

分组：将班级同学分为 4 个小组，选出小组长。

计划时间：约 30 分钟。

【行动（action）】

1. 分组讨论学习类 App 有哪些，并记录在海报纸上。
2. 每小组选出一名同学，上台展示本小组讨论结果，老师对讨论结果进行汇总。
3. 分组查找英语学习类 App，并分析对比所查找的 App，推荐给小刚。
4. 每小组选出一名同学，上台讲述所推荐 App 的功能，并说明推荐理由。
5. 进行小组自评、互评，教师对每小组活动中的表现进行总结点评。

【评价（evaluate）】

评价表

评价内容	个人自评	小组互评	教师点评
是否完成活动任务			
对讨论结果进行评价			
对查找结果进行评价			
对展示效果进行评价			

二、"App 助力技能学习"导练

【目标（object）】

根据学习需求，在手机上查找安装 App，并使用该 App 学习一项技能。

【任务（task）】

运动达人小易想要通过 App 学习"燃脂健身操"。通过任务需求分析，设置以下活

动任务。

- 在手机应用市场或应用商店搜索运动类 App。
- 在手机上安装 App，了解此 App 的功能和用法。
- 在 App 的指导下，练习"燃脂健身操"。

【准备（prepare）】

地点：教室。

材料和工具：海报纸、水彩笔、手机或平板。

分组：将班级同学分为 4 个小组，选出小组长。

计划时间：约 30 分钟。

【行动（action）】

1. 以小组学习方式，在手机的应用市场或应用商店搜索运动类 App。

2. 从搜索结果中选择一款 App，在手机上进行下载安装。

3. 安装完成后，在 App 指导下共同练习"燃脂健身操"。

4. 每小组选派一名同学上台展示。

5. 对展示进行小组自评、互评、教师总结点评。

【评价（evaluate）】

评价表

评价内容	小组自评	小组互评	教师点评
是否完成活动任务			
所选 App 是否好用			
对展示过程进行评价			

知识链接

一、数字技术与信息加工

随着大数据、人工智能等数字技术的飞速发展，信息加工手段不断丰富，大数据技术可以将来自不同渠道的数据信息进行组合而形成新的有用的信息，人工智能技术可以通过模拟人与自然界其他生物处理信息的行为实现信息加工的智能化。

日常生活中，我们可以接触到的利用大数据技术对信息进行加工的形式主要有两种：一是相似关联，就是在大量手机用户数据的基础上，通过分析相似的行为习惯进行关联推荐。比如我们通过大数据分析两个互不相识的人在网络上的浏览记录，包括性别、年龄、喜欢的颜色、喜欢的明星、爱买的东西、爱去的地方等相关信息，如果两人共同的爱好较多，就可以将其中一人喜欢购买的东西推荐给另一个人。二是隐式搜索，就是根据关键词主动推送，比如你在某个软件上搜索了关键词，那么软件就会在大数据中挑选关键词的关联推给你，同时获取你的兴趣数据。

利用人工智能技术对信息进行加工的范围更广泛，主要有图像识别、指纹识别、语音识别、手写识别、文字识别、机器翻译和智能代理等。

二、数字化学习

数字技能拓展了学习者的学习空间，丰富了学习资源，加强了线上与线下学习的融合，重新塑造了教与学的互动，改变了学习者的学习过程即信息加工过程。数字化学习具有个性化、敏捷化、沉浸化和共享化的特点。个性化使得学习者可以根据个人的职业发展方向、兴趣爱好来选择学习内容和学习方式。敏捷化使得学习者可以在任何时间、任何地点学习需要的内容。沉浸化是指通过沉浸式的学习环境，使学习者更好地投入学习过程中，以提升学习的主动性。共享化打破了组织内部横向与纵向的壁垒，使学习者通过知识共享，获取第一手的学习资料，体验"协作共享、共同成长"的学习文化。

数字技术在教育中的应用推动了体验式学习、智能化学习和混合式学习等数字化学习的开展。

1. 体验式学习

虚拟现实技术、可穿戴技术与网络技术结合在一起，可以让学习者通过穿戴设备直接感受到学习内容的存在空间，体验新的学习空间，把整个学习资源变得更立体。

2. 智能化学习

大数据的发展，使得学习者只要登录在线学习空间，在线学习空间就可以刻画出学习者的学习过程和学习行为，发现学习者的学习结果与教学目标的差异，分析哪些知识需要重点学习、哪些资源适合学习者学习，在基于大数据分析的基础上，让精准式、智能化学习成为可能。

3. 混合式学习

现实和虚拟学习环境互相交织，网络技术、智能技术日趋成熟，为线上线下混合学习创设了条件。在全新的数字化学习环境中，学习者不仅可以在课堂上进行学习、交流和评价，还可以在网络环境中进行在线学习、交流和评价。

三、学习类数字平台

1. 学习强国

学习强国 App 是"学习强国"学习平台精心打造的手机客户端，提供海量、免费的图文和音频视频学习资源，探索"有组织、有管理、有指导、有服务"学习，让学习更多样、更个性、更智能、更便捷。学习强国 App 有以下特色：

（1）丰富学习资源，打造权威思想库、完整核心数据库、丰富文化资源库、智能学习行为分析系统、创新学习生态系统、有效管用学习服务系统。

（2）由多家中央主要单位新媒体第一时间提供原创优质学习资源，支持个性化订阅。

（3）视频学习，视听盛宴中收获鲜活的学习体验。第一频道、短视频、慕课、影视剧、纪录片等源源不断提供海量音视频。

（4）在线答题，定制提供在线学习答题。文字题、音频题、视频题，每周一答、智能答题、专题考试，让力争上游的您不断攀升新高度。

（5）学习积分，学有所获、学有所用。每日登录、浏览资讯、学习知识、挑战答题、收藏分享，每一种学习行为都会获得积分。

（6）强国运动，接入健康 App 数据，可以在强国运动步数排行榜与同组织好友一较高下。

2. 学习通

学习通是面向智能手机、平板电脑等移动终端的移动学习专业平台，是一款集移动教学、移动学习、移动阅读、移动社交为一体的免费应用程序，仅支持移动端（Android、iOS、Harmony OS）。学习通包含各种教与学相关的微应用，用户可以在学习通上自助完成图书馆藏书借阅查询、电子资源搜索下载、图书馆最新资讯浏览，学习学校专业课程，进行小组讨论，查看本校通讯录，同时拥有超过百万册电子图书、海量报纸文章以及中外文献元数据，为用户提供移动学习服务。

四、学习类 App

根据全国 App 技术检测平台统计，截至 2023 年 3 月底，我国国内市场上监测到活跃的 App 数量为 261 万款。学习类 App 也是多如繁星，甚至某一类学习有多个 App 可供选择。大多数 App 是免费的，可以在任何时间、任何地点进行学习。

学习类 App 集锦

课后拓展

一、单选题

1. 以下说法不正确的是（　　　）。

A. 不需要共享热点时及时关闭共享热点功能

B. 在安装和使用手机 App 时，不用阅读隐私政策或用户协议，直接掠过即可

C. 定期清除后台运行的 App 进程

D. 及时将 App 更新到最新版

2. 关于大数据交易在发展过程中遇到的问题，下面描述错误的是（　　　）。

A. 互联网数据马太效应显现

B. 市场信用体系缺失、监管有待加强

C. 大数据交易规则和标准缺乏

D. 数据质量评价与估值定价已经很完善

3. 以下不可以防范口令攻击的是（　　　）。

A. 设置的口令要尽量复杂些，最好由字母、数字、特殊字符混合组成

B. 在输入口令时应确认无他人在身边

C. 定期改变口令

D. 选择一个安全性强、复杂度高的口令，所有系统都使用其作为认证手段

4. 某智能报警系统与手机相连，当有小偷时，系统能通过手机联系到主人，主人可监听现场的声音，也可以启动现场警报来吓阻小偷，这是将技术应用在（　　　）。

A. 家庭智能化方面

B. 政务信息化方面

C. 电子商务方面

D. 教育信息化方面

5. 2023 年全民数字素养与技能提升月主题是（　　　）。

A. 数字共享，提升素养

B. 数字技能，全民共享

C. 提升数字素养，共享发展成果

D. 数字赋能 全民共享

二、简答题

1. 利用数字技术对信息加工的方式有哪两种？
2. 数字化学习的学习方式有哪些？

延伸阅读

2023 年全民数字素养与技能提升月活动启动

以"数字赋能 全民共享"为主题，2023 年全民数字素养与技能提升月活动 4 月 27 日在福州举行的第六届数字中国建设峰会开幕式上启动。

此次提升月活动由中央网信办、中央党校（国家行政学院）、教育部、科技部、工业和信息化部、民政部、人力资源和社会保障部、农业农村部、国家卫生健康委、退役军人事务部、国务院国资委、全国总工会、全国妇联、中国科协、中国残联共同主办，以满足人民日益增长的美好生活需要和促进人的全面发展为目标，推广数字技术应用，丰富教育学习资源，加强能力提升培训，弘扬向善网络文化，加快构建全民数字素养与技能发展培育体系，促进数字化发展成果更好支撑经济社会发展和民生福祉增进。

提升月活动将组织举办数字素养与技能专家巡讲活动、提升全民数字素养与技能主题论坛、数字教育培训资源优化共享活动、数字素养校园行、数字科技成果路演活动、数字经济与实体经济融合发展行动、数字技能社区科普服务、数字职业推介会、农民手机应用技能常态化培训、智慧助老公益活动、提升退役军人数字素养与技能专项行动、国有企业数字化转型行动计划、全国职工数字化应用技术技能大赛、巾帼好网民女性公开课活动、数字素养与技能科普活动、残疾人数字化职业能力提升行动等系列主题活动。

任务 3　数字技能便捷生活

学习目标

知识目标：掌握生活中的数字技能。
技能目标：能够熟练地使用数字技能便捷日常生活。
素养目标：培养生活中的数字安全意识。

职场故事

美好生活

小叶是一名自由职业者，她充分地享受着数字技能带给她的美好生活。她使用京东

App 进行网购；使用"大众点评 App"搜索美食；通过"携程 App"订机票订酒店；使用高德地图 App 对日常出行进行导航；使用微信、支付宝进行日常支付，使用"手机银行"进行转账，使用"涨乐财富通"App 在线买卖股票。她还在手机上安装国家反诈中心 App 保护她的财产安全，还在手机里安装了抖音、UU 跑腿、形色、城市政务平台等众多的 App。

❯ 各抒己见

讨论分享：请分享你在日常生活使用各种 App 的经验和感受。

❯ 学习感悟

自由职业者小叶的生活生动地诠释了"数字技能，让我们的生活更美好"！智能手机与移动互联网爆发式增长与广泛应用，为数字技能的应用插上了飞翔的翅膀。在众多的生活领域已经实现了数字技能应用，与百姓衣食住行相关的 App 不胜枚举，数字技能的广泛应用，已经从方方面面改变着现代人的生活方式，让人们的生活更加便捷。

⚙ 课堂导练

一、"生活类数字技能知多少"导练

【目标（object）】

了解学习生活中的数字技能，宣传推广应用生活中的数字技能，并普及数字安全防范常识。

【任务（task）】

在全民数字素养与技能提升活动月到来之际，小金积极帮助开展"数字赋能 全民共享"主题社区服务，提升广大群众的数字素养与技能。通过分析任务需求，设置以下活动任务。

- 学习生活中常用 App 的知识。
- 掌握常用生活类 App 正确的下载安装方法。
- 宣传推广生活类 App 应用，便捷日常生活。
- 普及数字安全防范常识。

【准备（prepare）】

地点：教室。

材料和工具：海报纸、水彩笔、手机或平板。

分组：将班级同学分为 4 个小组，选出小组长。

计划时间：约 30 分钟。

【行动（action）】

1. 小组同学交流分享生活中常用的 App，并记录在海报纸上。

2. 每小组选出一名同学，介绍本小组交流分享结果，教师汇总结果并择优在班级推广应用。

3. 小组同学共同搜集数字技能的安全防范知识，并制作海报。

4. 每小组选出一名同学，对制作的海报进行分享展示。

5. 对每小组制作的海报进行小组自评、互评、教师总结点评。

【评价（evaluate）】

评价表

评价内容	小组自评	小组互评	教师点评
小组交流分享过程			
小组交流分享结果			
海报制作完成情况			
海报的展示分享过程			

二、"App 便捷日常生活"导练

【目标（object）】

学习应用生活类 App 策划活动，掌握并熟练应用生活中的数字技能以便捷日常生活。

【任务（task）】

数字技能帮助旅游达人小苗实现了一场又一场说走就走的旅行，实现了"世界那么大，我要去看看"美好愿望。本周末小苗想要到美丽的海滨城市厦门去看海，请利用 App 为小苗策划一场周末看海之旅。通过任务分析，设置以下活动任务。

- 在手机上安装旅行中用到的各种生活类 App。
- 使用 App 合理规划周末看海之旅的衣食住行玩。
- 制作周末看海之旅的时间规划书。

【准备（prepare）】

地点：教室。

材料和工具：海报纸、水彩笔、手机或平板。

分组：将班级同学分为 4 个小组，选出小组长。

计划时间：约 30 分钟。

【行动（action）】

1. 以小组学习的方式，在手机上下载安装 12306、美团、携程、百度地图、大众点评、形色等旅行中需要的各种 App。

2. 小组同学共同讨论，应用各种生活类 App 合理地规划旅行中衣食住行玩等活动。

3. 小组同学共同制定周末看海之旅的时间规划书。

4. 每小组选出一名同学，上台讲解本小组制定的周末看海之旅的时间规划书。

5. 对策划书进行小组自评、互评、教师总结点评。

【评价（evaluate）】

评价表

评价内容	小组自评	小组互评	教师点评
App 选择是否合适			
App 下载安装方法是否正确			
时间规划书是否制作完成			
时间规划书是否合理			

⊕ 知识链接

一、新兴的数字技术

1. 大数据技术

大数据是一种规模大到在获取、存储、管理、分析方面远远超出传统数据库软件工具能力范围的数据集合，具有海量的数据规模、快速的数据流转、多样的数据类型和价值密度低四大特征。大数据技术的战略意义不在于掌握庞大的数据信息，而在于对这些含有意义的数据进行专业化处理。换而言之，如果把大数据比作一种产业，那么这种产业实现盈利的关键，在于提高对数据的"加工能力"，通过"加工"实现数据的"增值"。从技术上看，大数据与云计算的关系就像一枚硬币的正反面一样密不可分。大数据必然无法用单台的计算机进行处理，必须采用分布式架构。它的特色在于对海量数据进行分布式数据挖掘，但必须依托云计算的分布式处理、分布式数据库和云存储、虚拟化技术。

2. 云计算和云服务

云计算是分布式计算的一种，是通过网络"云"将巨大的数据计算处理程序分解成无数个小程序，然后通过多部服务器组成的系统进行处理和分析这些小程序得到结果并返回给用户。云计算源自早期简单的分布式计算，即解决任务分发，并进行计算结果的合并，因此，云计算又称为网格计算。通过这项技术，可以在几秒钟完成对数以万计的数据的处理，从而达到强大的网络服务。

云服务不单单是一种分布式计算，而是分布式计算、效用计算、负载均衡、并行计算、网络存储、热备份冗杂和虚拟化等计算机技术混合演进并跃升的结果，是通过计算机网络形成计算能力极强的系统，存储、集合相关资源并可按需配置，向用户提供个性化服务。

3. 人工智能

人工智能（AI），是研究、开发用于模拟、延伸和扩展人的智能的理论、方法、技术及应用系统的一门新兴技术科学。人工智能是计算机科学的一个分支，它试图了解智能的实质，并生产出一种能与人类智能相似的、能做出反应的新的智能机器，它可以对人的意识、思维的信息过程的模拟，不是人的智能，但能像人那样思考、也可能超过人的智能。

人工智能是一门极富挑战性的科学，由不同的领域组成。人工智能包括机器人、语言识别、图像识别、自然语言处理和专家系统等广泛的科学研究，从事这项研究的人必须懂得计算机知识，心理学和哲学等。人工智能从诞生以来，理论和技术日益成熟，应用领域也不断扩大，可以设想，未来人工智能带来的科技产品，将会是人类智慧的"容器"。总的说来，人工智能研究的一个主要目标是使机器能够胜任一些通常需要人类智能才能完成的复杂工作。

二、数字技能便捷生活

数字技术已经渗透进我们生活的方方面面，其在生活中的应用改变着人们的生活方式。需要采购时，点开手机里的购物软件就可以自行选购心仪的物品，也可以观看线上直播进行购物；需要用餐时，点开手机里的外卖软件就可以选购喜欢的餐食，还能享受短时间内配送到家的服务；出行时，点开手机里的智能导航软件，就能获取最快速的出行方案。从前生病去医院需要现场挂号，而且排队时间长，有时医院的检查报告需要隔天才能拿到，还需再跑一趟医院，现在通过小程序就能快速挂号，就诊结束后，通过小程序就可以付费，在线就能查看报告，不仅规范了医院的管理，还节省了患者的时间，非常便捷。

三、生活类数字平台和 App

1. 国家政务服务平台

国家政务服务平台由国务院办公厅主办，国务院办公厅电子政务办公室负责运行维护。2019 年 5 月 31 日，作为全国一体化政务服务平台总枢纽的国家政务服务平台上线试运行。近年来，各地区各部门的政务服务在国家政务服务平台纵横贯通，为实现全国政务服务"一网通办"提供了重要支撑，提升了企业和群众办事获得感，在推进国家治理体系和治理能力现代化及数字政府建设进程中发挥了重要作用。目前，国家政务服务平台已全面覆盖 PC 端、App，以及微信、支付宝、百度小程序和快应用等。

2. 国家反诈中心

国家反诈中心是国务院打击治理电信网络新型违法犯罪工作部际联席会议合成作战平台，集资源整合、情报研判、侦查指挥为一体，在打击、防范、治理电信网络诈骗等新型违法犯罪中发挥着重要作用。作为国家反诈中心的权威发布平台，发布官方政务号是公安部认真践行网上群众路线，进一步密切联系群众、发好公安声音、推动公安机关媒体深度融合发展的重要举措。国家反诈中心官方政务号，采取民警宣讲、警民互动、网络情景剧、公益宣传片、抓捕实录等多种形式，常态化更新宣传内容，及时发布防骗预警，陆续发布系列情景短片，揭批近来高发的网络贷款、网络刷单、"杀猪盘"、冒充客服退款、假冒熟人、冒充"公检法"、"荐股"、虚假购物、注销"校园贷"、买卖游戏币等诈骗类型。

3. 中国铁路客户服务中心

中国铁路客户服务中心（12306.cn）是铁路服务客户的重要窗口，集成全路客货运输信息，为社会和铁路客户提供客货运输业务和公共信息查询服务。客户通过登录网站，可以查询旅客列车时刻表、票价、列车正晚点、车票余票、售票代售点、货物运价、车辆技术参数以及有关客货运规章，铁路货运客户可以通过该网站办理货运业务。

4. 网上银行 App

网上银行作为一种结合了货币电子化与移动通信的崭新服务，移动银行业务不仅可以使人们在任何时间、任何地点处理多种金融业务，而且极大地丰富了银行服务的内涵，使银行能以便利、高效而又较为安全的方式为客户提供传统和创新的服务，而移动终端所独具的贴身特性，使之成为继 ATM、互联网、POS 之后银行开展业务的强有力工具，越来越受到银行业者的关注。我国移动银行业务在经过先期预热后，逐渐进入了成长期，如何突破业务现有发展瓶颈，增强客户的认知度和使用率，成为移动银行业务产业链中各方关注的焦点。

5. 形色 App

形色是一款赏花识花 App，不同于单纯鉴别花卉的应用。形色为用户搭建了一个持续性更强的社交平台，用户可以一秒就能识别植物，还可一键生成植物的诗词花语，园艺专家每周发文教你养花种草。App 内部有识花大师帮忙鉴定植物，还能在 App 内收集学习植物，是一款功能强大的植物类 App。形色非常适合植物爱好者、家长、中小学教师、植物相关专业学生及园林工作者、花艺爱好者、旅游爱好者、摄影爱好者、文艺青年等。

⚛ 课后拓展

一、单选题

1.2016 年，机器人 AlphaGo 击败职业围棋选手，是第一个战胜围棋世界冠军的人工智能机器人，这体现了计算机在（　　）方向上的发展趋势。

A. 巨型化

B. 机器化

C. 智能化

D. 多媒体化

2. 大数据的概念最早是在哪一年出现的（　　）。

A. 2005

B. 2006

C. 2008

D. 2010

3. 哪个不是大数据的特征（　　）。

A. 海量的数据规模

B. 快速的数据流转

C. 价值密度高

D. 多样的数据类型

4. 李某在浏览网页时弹出"新版游戏，免费玩，点击就送大礼包"的广告，点了之后发现是个网页游戏，提示"请安装插件"，遇到这种情况李某应该怎么办最合适（　　）。

A. 为了领取大礼包，安装插件之后玩游戏

B. 网页游戏一般是不需要安装插件的，不建议打开

C. 询问朋友是否玩过这个游戏，朋友如果说玩过，那应该没事

D. 先将操作系统做备份，如果安装插件之后有异常，大不了恢复系统

二、简答题

1. 什么是大数据？

2. 什么是云计算？

延伸阅读

ChatGPT

ChatGPT 是 OpenAI 研发的聊天机器人程序，于 2022 年 11 月 30 日发布。

ChatGPT 是由人工智能技术驱动的自然语言处理工具，它拥有语言理解和文本生成能力，是通过连接大量的语料库来训练模型，这些语料库包含了真实世界中的对话，使得 ChatGPT 具备上知天文下知地理的能力，还能够通过理解和学习人类的语言来进行对话，根据聊天的上下文进行互动，用拟人的语气和人类对话，真正像人类一样来聊天交流。

简单来说，ChatGPT 是一个智能聊天机器人，但是它的功能却远不止于聊天，利用机器学习算法，经过大量数据训练的 ChatGPT 能够回答更多复杂的问题，还能够利用人工智能生成内容，协助人类完成一系列任务，比如撰写邮件、视频脚本、文案、翻译、代码、论文、提出商业建议、创作诗歌、甚至检查程序 bug。

数字敦煌

敦煌石窟是中国古代文明的一个璀璨的艺术宝库，也是古代丝绸之路上曾经发生过的不同文明之间对话和交流的重要见证。"数字敦煌"项目利用先进的数字技术与文物保护理念，对敦煌石窟和相关文物进行全面的数字化采集、加工和存储。将已经获得和将要获得的图像、视频等多种数据和文献数据汇集起来，构建一个多元化与智能化相结合的石窟文物数字化资源库，通过互联网面向全球共享，并建立数字资产管理系统和数字资源科学的保障体系。

"数字敦煌"项目是一个具有示范意义的世纪工程，也是一项敦煌保护的虚拟工程，

该工程包括虚拟现实、增强现实和交互现实三个部分，使敦煌瑰宝数字化，打破时间、空间限制，满足人们游览、欣赏、研究等需求。运用测绘遥感技术，致力将莫高窟外形、洞内雕塑等一切文化遗迹，以毫米的精度虚拟在电脑里，集文化保护、文化教育、文化旅游于一体。

数字化时代，数字技术为文化遗产传承带来了全新的可能性，不仅提供了全新的文化资料保护和数字化展示手段，还带来了数字化文化创意和数字化文化创新。

模块 5

绿色技能

绿水青山就是金山银山。

——习近平

世界上没有垃圾，只有放错地方的宝藏。

——但丁

------- 模 块 导 读 -------

　　绿色技能可以帮助人们采用更加环保、节能、低碳的方式进行生产、生活和消费，帮助人们减少对环境的污染和破坏，促进经济的可持续发展。绿色技能的发展不仅有助于保护环境，提高资源利用效率，实现节能减排，还可以创造更多的就业机会和经济增长点。认识并应用绿色技能，对于个人、企业和社会都有非常重要的意义。

　　本模块通过"认识绿色技能、绿色技能助力节能减排和绿色技能助力垃圾分类"三个任务的学习，帮助学生认识绿色技能的重要性，宣传低碳环保、绿色生态和可持续发展的理念，提升绿色技能，让节能减排、绿色低碳成为一种生产生活方式和社会风尚。

任务1　认识绿色技能

学习目标

　　知识目标： 了解习近平生态文明思想和绿色技能的内涵。

　　能力目标： 掌握生活中的一些常见通用绿色技能。

　　素养目标： 增强绿色生态理念和责任意识。

职场故事

"半瓶水"现象

　　开会时，会议主办方一般都会为每位参会者准备一瓶水。然而在会议结束后，在会议现场会留下很多没喝完的瓶装水。记者曾做过调查，在某次会议现场共发放了30瓶水，到会议结束后，留下15瓶未喝完的水。组织会议的工作人员告诉记者，打开的瓶装水，他们会当作垃圾处理掉。专家估计，仅在会议场所，我国一年浪费的瓶装水就有上千万瓶。"半瓶水"现象，已经引起了环保人士的关注。

各抒己见

　　1. 没有喝完的瓶装水应该如何处理？

　　2. 反思自己有没有浪费水资源的行为。

学习感悟

　　长期以来，人们普遍认为水是"取之不尽，用之不竭"的，不知道爱惜。其实我国水资源人均量并不丰富，地区分布也不均匀，再加上污染，使水资源更加紧缺。"半瓶水"的浪费现象，不仅出现在会场、在生活中，也随处可见，这反映了很多人对水资源紧缺的认识不够，人们缺乏时时处处节约用水的意识，也缺乏充分利用水资源的绿色技能。

课堂导练

一、节约用水绿色技能

【目标（object）】

通过导练，增强节约用水的意识，培养充分利用水资源的绿色技能。

【任务（task）】

全国城市节水宣传周到来之际，为提高居民节水意识，培养广大居民节约用水的绿色技能，请同学们一起制作"养成节水习惯，培养绿色技能"宣传海报。通过任务分析，设置以下具体任务：

- 制作家庭节约用水宣传海报。
- 制作校园节约用水宣传海报。
- 制作社区节约用水宣传海报。
- 制作城市节约用水宣传海报。

【准备（prepare）】

地点：教室。

材料和工具：海报纸、水彩笔、手机或平板。

分组：将班级同学分为 4 个小组，选出小组长。

计划时间：约 15 分钟。

【行动（action）】

1. 小组长从 4 个任务中选择本小组的制作任务。

2. 小组成员根据要制作的海报内容，利用手机或平板查找资料，准备制作。

3. 根据方案内容，制作出宣传海报，每小组选出一名同学上台进行展示。

4. 开展小组自评，小组互评，教师对每小组制作的海报进行总结点评。

【评价（evaluate）】

评价表

评价内容	小组自评	小组互评	教师点评
海报的整体设计美观，图文并茂。			
海报的设计内容符合主题。			
海报中宣传的节水措施至少 2 条。			
海报中体现的绿色技能至少 2 条。			

二、节约用电绿色技能

【目标（object）】

通过导练，增强节约用电的意识，培养节约用电的绿色技能。

【任务（task）】

制作"节约用电绿色技能"方案。

【准备（prepare）】

地点：教室。

材料和工具：手机或平板。

分组：将班级同学分为 4 个小组，选出小组长。

计划时间：约 15 分钟。

【行动（action）】

1. 小组成员利用手机或平板收集相关的节约用电绿色技能。

2. 小组成员讨论、确定本小组的节约用电绿色技能方案。

3. 每小组选出代表上台展示方案。

4. 开展小组自评，小组互评，教师对每小组的方案进行总结点评。

【评价（evaluate）】

评价表

评价内容	小组自评	小组互评	教师点评
方案设计贴近生活、贴近实际，易于操作。			
方案中节约用电措施至少 5 条。			
分享清楚明了，如有海报，设计合理美观。			

知识链接

一、习近平生态文明思想简述

中国共产党第十八次全国代表大会召开以来，以习近平同志为核心的党中央站在坚持和发展中国特色社会主义、实现中华民族伟大复兴中国梦的战略高度，对生态文明建设提出了一系列新理念新思想新战略。

习近平生态文明思想是习近平新时代中国特色社会主义思想的重要组成部分，是中国共产党不懈探索生态文明建设的理论创新和实践结晶，是马克思主义基本原理同中国生态文明建设实践相结合、同中华优秀传统生态文化相结合的重大成果，是以习近平同志为核心的党中央治国理政的实践创新和理论创新在生态文明建设领域的集中体现，是人类社会实现可持续发展的共同思想财富，是新时代我国生态文明建设的根本遵循和行动指南。

习近平生态文明思想的核心要义体现为"十个坚持"，即坚持党对生态文明建设的全面领导，坚持生态兴则文明兴，坚持人与自然和谐共生，坚持绿水青山就是金山银山，坚持良好生态环境是最普惠的民生福祉，坚持绿色发展是发展观的深刻革命，坚持统筹山水林田湖草沙系统治理，坚持用最严格制度最严密法治保护生态环境，坚持把建设美丽中国转化为全体人民自觉行动，坚持共谋全球生态文明建设之路。

二、推动绿色发展，促进人与自然和谐共生

大自然是人类赖以生存发展的基本条件。尊重自然、顺应自然、保护自然，是全面建设社会主义现代化国家的内在要求。必须牢固树立和践行绿水青山就是金山银山的理念，站在人与自然和谐共生的高度谋划发展。

我们要推进美丽中国建设，坚持山水林田湖草沙一体化保护和系统治理，统筹产业结构调整、污染治理、生态保护、应对气候变化，协同推进降碳、减污、扩绿、增长，推进生态优先、节约集约、绿色低碳发展。

加快发展方式绿色转型。推动经济社会发展绿色化、低碳化是实现高质量发展的关键环节。加快推动产业结构、能源结构、交通运输结构等调整优化。实施全面节约战略，推进各类资源节约集约利用，加快构建废弃物循环利用体系。完善支持绿色发展的财税、金融、投资、价格政策和标准体系，发展绿色低碳产业，健全资源环境要素市场化配置体系，加快"节能降碳"先进技术研发和推广应用，倡导绿色消费，推动形成绿色低碳的生产方式和生活方式。

深入推进环境污染防治。坚持精准治污、科学治污、依法治污，持续深入打好蓝天、碧水、净土保卫战。加强污染物协同控制，基本消除重污染天气。统筹水资源、水环境、水生态治理，推动重要江河湖库生态保护治理，基本消除城市黑臭水体。加强土壤污染源头防控，开展新污染物治理。提升环境基础设施建设水平，推进城乡人居环境整治。全面实行排污许可制，健全现代环境治理体系。严密防控环境风险。深入推进中央生态环境保护督察。

提升生态系统多样性、稳定性、持续性。以国家重点生态功能区、生态保护红线、自然保护地等为重点，加快实施重要生态系统保护和修复重大工程。推进以国家公园为主体的自然保护地体系建设。实施生物多样性保护重大工程。科学开展大规模国土绿化行动。深化集体林权制度改革。推行草原森林河流湖泊湿地休养生息，实施好长江十年禁渔，健全耕地休耕轮作制度。建立生态产品价值实现机制、完善生态保护补偿制度。加强生物安全管理，防治外来物种侵害。

积极稳妥推进"碳达峰、碳中和"。实现"碳达峰、碳中和"是一场广泛而深刻的经济社会系统性变革。立足我国能源资源禀赋，坚持先立后破，有计划分步骤实施"碳达峰"行动。完善能源消耗总量和强度调控，重点控制化石能源消费，逐步转向碳排放总量和强度"双控"制度。推动能源清洁低碳高效利用，推进工业、建筑、交通等领域清洁低碳转型。深入推进能源革命，加强煤炭清洁高效利用，加大油气资源勘探开发和增储生产力度，加快规划建设新型能源体系，统筹水电开发和生态保护，积极安全有序发展核电，加强能源产供储销体系建设，确保能源安全。完善碳排放统计核算制度，健全"碳排放权"市场交易制度。提升生态系统"碳汇能力"，积极参与应对气候变化全球治理。

综合来看，我国生态文明建设取得了丰硕的成果，大气环境质量、饮用水质量都有了显著提升，满目的绿水青山更是让我们感受到了生态环境的明显改善。

三、绿色技能的内涵

生态文明建设中一个非常重要的方面是绿色技能的支撑。绿色技能是遵循生态原理和生态经济规律，能减少资源使用量、提高资源利用效率、促进社会可持续发展，回收利用废弃物、减少污染物排放，保护生态环境，与促进生态文明建设相关的知识、态度、技术及技能。简而言之，绿色技能就是在绿色经济活动中具有普遍适用性的技能与从事绿色职业或绿色专业的人所需的技能。通常分为通用绿色技能和专业绿色技能。

通用绿色技能是对大多数从业人员的基本要求，主要包括：节约资源、最大限度地减少资源使用、减少废弃物产生、垃圾分类和回收利用、减少温室气体排放、使用环保产品、保护自然环境、提供绿色服务、进行环保理念与知识宣传等内容。经济社会亟待绿色转型、国家和政府越来越重视绿色发展，绿色教育必将成为我国职业教育的发展趋势，绿色通用技能也将成为促进社会发展转型所必需的技能之一。

专业绿色技能是对绿色岗位专业人员的要求，是以减少人类生存环境威胁为主要目的，存在于社会各行各业，具有明显的"低碳、环保、循环"等特征的绿色专业或绿色职业的技能，如"零排放生产技术，碳达峰、碳中和技术"等。专业绿色技能主要体现在从事"绿色工作"或"绿色职业"所必须掌握的技术、知识、价值观和态度之中。

四、绿色职业简介

《中华人民共和国职业分类大典（2022年版）》（以下简称《大典》）中标注了绿色职业134个（标注为L），如综合能源服务员、碳排放管理员、地质调查员、水土保持员、环境影响评价工程技术人员、污水处理工、生活垃圾处理工等。《大典》中标注的既是绿色职业又是数字职业的有23个（标注为L/S），如碳汇计量评估师、天气预报工程技术人员、海洋调查与监测工程技术人员等。

绿色技能人才既是生态优先、节约优先、绿色发展的主要建设者，也是资源节约、发展可再生能源的主要推动者，更是绿色低碳循环经济的主要实践者。要实现生态文明的建设目标，需要通过资源节约、循环利用、节能减排的技术创新与具体的项目来实现。

⚛ 课后拓展

判断题

1. 全国城市节约用水宣传周是每年的5月15日所在的那一周。（　　）

2. 水资源的可持续利用是我国经济社会发展的战略问题，核心是提高用水效率，把节水放在突出位置。要加强水资源的规划和管理，协调生活、生产和生态用水。（　　）

3. 饮水机中的开水反复煮沸、保温，造成矿物质沉积，对身体健康有益。（　　）

4. 给植物浇水应选择早晚光线较弱，蒸发量少的时间，不宜在中午浇花，因为中午的阳光强，水易蒸发。（　　）

5. 节水主要是节约公共场所用水。（　　）

6. 缴了水费，用多少水是我自己的事，别人管不着。（　　）

7. 水资源费就是水费。（　　）

8. 天然水体最大的污染源是工业废水和生活污水。（　　）

9. 在饮用水水源保护区内禁止设置排污口。（　　）

10. 单位和个人可以以多种形式参与水资源的开发、利用。（　　）

延伸阅读

全国城市节约用水宣传周

为了提高城市居民节水意识，从 1992 年开始，每年 5 月 15 日所在的那一周为"全国城市节水宣传周"。宣传周旨在动员广大市民共同关注水资源，营造全社会的节水氛围，树立绿色文明意识、生态环境意识和可持续发展意识。使广大市民在日常生活中养成良好的用水习惯，促进生态环境改善，人与水和谐发展，共同建设碧水家园。

近年来，全国城市节约用水宣传周推荐的标语有：

1. 节水全民行动，共建生态家园

2. 建设节水型城市，改善城市水生态

3. 倡导低碳绿色生活，推进城镇节水减排

4. 推进城市节水，保护水系生态

5. 全面推进城市节水，点滴铸就生态文明

6. 建设海绵城市，促进生态文明

7. 坚持节水优先，建设海绵城市

8. 全面建设节水城市，修复城市水生态

9. 实施国家节水行动，让节水成为习惯

10. 建设节水城市，推进绿色发展

11. 养成节水好习惯，树立绿色新风尚

12. 贯彻新发展理念，建设节水型城市

13. 建设节水型城市，推动绿色低碳发展

14. 推进城市节水，建设宜居城市

任务 2　绿色技能助力节能减排

学习目标

知识目标：了解节能减排的内涵与意义。

能力目标：掌握节能减排的措施与方法。

素养目标：培养学生的绿色环保意识和绿色技能，助力节能减排。

职场故事

"多网协作"节能系统

中国移动有大量的基站，每年耗电超过 120 亿度。中国移动经过测试发现 GSM、TDS、LTE 这些网络存在重叠覆盖，80％左右的农村和 30％左右的城区，从晚上零点到第二天早上 7 点的话务量是很低的。如果在确保不影响客户感知的基础上，业务闲时关闭重叠覆盖的小区基站网络，当业务量回升后再重新唤醒相关网络，就会节约大量的电能。2015 年中国移动广西公司和集团研究院针对基站耗电量大的问题研发了一套"多网协作"节能系统，2016 年 4 月该系统在南宁市全网 3 万多小区应用，每年节省电费支出约 900 万元。目前该系统已被很多省公司引进使用。

各抒己见

1. 谈谈你从上述案例中得到的启发。

2. 分享你知道的生活中的节能减排案例。

学习感悟

节能不是简单的关闭，采取有效措施才是解决问题的关键。节能减排是一项重要的社会责任，也是一项环境保护任务。要做好节能减排，就要加强能源节约意识，做好资源利用，推进科技创新，积极采取措施，才能实现节能减排。

课堂导练

一、低碳生活方式

【目标（object）】

通过活动导练，减少自身的碳排放，让大家积极参与到低碳生活模式的构建。

【任务（task）】

● 从衣、食、住、行、用方面制定低碳生活的行为方式。

【准备（prepare）】

地点：教室。

材料和工具：纸、笔、手机或平板。

分组：将班级同学分为 4 个小组，选出小组长。

计划时间：约 20 分钟。

【行动（action）】

1. 每小组按照上述任务要求，制定个人低碳生活的行为方式方案（如何减少碳排放）。

2. 小组长记录并汇总，商量拟订出该小组的具体实施方案。

3. 每小组选出代表上台讲述。

4. 开展小组自评，小组互评，教师对每小组的结果进行总结点评。

【评价（evaluate）】

评价表

评价内容	小组自评	小组互评	教师点评
"衣"的方面具体措施至少 3 条，且切实可行。			
"食"的方面具体措施至少 3 条，且切实可行。			
"住"的方面具体措施至少 3 条，且切实可行。			
"行"的方面具体措施至少 3 条，且切实可行。			
"用"的方面具体措施至少 3 条，且切实可行。			

二、光盘行动

【目标（object）】

通过对案例的讨论和思考，深刻理解"光盘行动"的意义和价值，掌握推行"光盘行动"的方法和技能，促进资源的节约和可持续发展。

【任务（task）】

请帮助某公司拟定一份"光盘行动"倡导书。

某公司领导在职员餐厅发现，员工在用完餐后，有人食物剩余过多，造成了大量食物的浪费，公司相关部门领导专门为此开会研究讨论如何杜绝这种现象的产生。这种行为不但浪费了粮食，而且违背了公司节约用水、用电、粮食等守则。于是决定采取行动，倡导员工减少食物浪费，提高节约意识。

【准备（prepare）】

地点：教室。

材料和工具：纸、笔、手机或平板。

分组：将班级同学分为 4 小组，选出小组长。

计划时间：约 15 分钟。

【行动（action）】

1. 每小组成员按要求讨论倡导书内容，列出具体措施。

2. 经过小组讨论确定本小组的倡导书内容（如何做）。

3. 每小组选出代表进行分享讲述。

4. 开展小组自评，小组互评，教师对每小组的展示进行总结点评。

【评价（evaluate）】

评价表

评价内容	小组自评	小组互评	教师点评
讨论过程全员参与，体现团队协作。			
内容丰富切题，富有逻辑和感染力，说服力强。			
分享清楚明了，如有海报，设计合理美观。			

知识链接

国家大力推动节能减排，深入打好污染防治攻坚战，加快建立健全绿色低碳循环发展经济体系，推进经济社会发展全面绿色转型，有助于实现碳达峰、碳中和目标。

一、节能减排及其意义

1. 节能减排的含义

节能减排有广义和狭义之分。广义而言，节能减排是指节约物质资源和能量资源，减少废弃物和环境有害物（包括"三废"和噪声等）排放。狭义而言，节能减排是指节约能源和减少环境有害物排放。

2. 节能减排的意义

传统的高投入、高消耗、高排放、低效率的增长方式已经不可持续。立足新发展阶段，贯彻新发展理念，为了国家、社会，为了更好地生存，我们必须贯彻实施节能减排计划。

节能减排可以减少能源的浪费，像煤炭、石油、天然气是不可再生能源，更需要有效利用；节能减排可以有效减少二氧化碳气体的排放，减少温室效应导致的全球气候变暖；节能减排可以有效减少有毒有害气体的排放，有利于环境的美化和人类的健康。

二、节能减排重点工程

国家节能减排重点工程主要有以下几个方面：

（1）重点行业绿色升级工程。以钢铁、有色金属、建材、石化化工等行业为重点，推进节能改造和污染物深度治理。

（2）园区节能环保提升工程。引导工业企业向园区集聚，推动工业园区能源系统整体优化和污染综合整治，鼓励工业企业、园区优先利用可再生能源。

（3）城镇绿色节能改造工程。全面推进城镇绿色规划、绿色建设、绿色运行管理，推动低碳城市、韧性城市、海绵城市、"无废城市"建设。

（4）交通物流节能减排工程。推动绿色铁路、绿色公路、绿色港口、绿色航道、绿色机场建设，有序推进充换电、加注（气）、加氢、港口机场岸电等基础设施建设。

（5）农业农村节能减排工程。加快风能、太阳能、生物质能等可再生能源在农业生产和农村生活中的应用，有序推进农村清洁取暖。

（6）其他节能减排工程。

三、节能减排，你我同行

节能减排需要每个人从自身做起，积极采取行动。只有更多人参与和付诸实践，在生活中采取简单而实用的行动，才能真正做到从我做起、践行低碳环保的理念。

1. 少买不必要的衣服

一件普通的衣服，从原料到成衣，再到最终被遗弃，都一直在排放二氧化碳。少买一件不必要的衣服可以减少 2.5 公斤的二氧化碳排放。另外，棉质衣服比化纤衣服排碳量更少，多穿棉质衣服也是低碳生活的一部分。

2. 提倡合理饮食

减少粮食浪费，少喝瓶装水和饮料，尽量不使用一次性筷子、餐盒、纸杯、纸巾等。劝告家人不吸烟。如果每个烟民每天少吸一支烟，每年可减排二氧化碳 13 万吨。

3. 减少用水用电

养成节约用水用电习惯，选用节能电器，一只 11W 节能灯的照明效果，抵得上 60W 的普通灯泡，而且每分钟比普通灯泡节能 80％，如果全国使用 12 亿只节能灯泡，节约的电量相当于三峡水电站一年的发电量。电视机的屏幕不要太亮，调成中等亮度，这样既能省电，又能保护视力。中国目前有 3 亿台电视机，仅调低亮度这一小动作，每年就可以节电 50 亿度。

4. 推广绿色交通方式

短途出行尽量步行或骑自行车、搭公交车、坐地铁。长途旅行尽量坐火车，减少乘飞机的次数。以一辆中等耗油轿车为例，每年少开 1 200 公里，将节省 120 升油，可减少碳排放 294 公斤，相当于种 16 棵树。

低碳是一种生活习惯，是一种自觉节约多种资源的习惯。只要稍微改变一下自己的生活习惯，就可以为保护环境，抑制气候变暖贡献一分力量，让我们一起携起手来，一起加入节能减排的队伍，做低碳达人，爱护我们的地球吧！

5. 垃圾分类处理

垃圾分类处理就是将厨余垃圾、可回收垃圾、有害垃圾、其他垃圾分类处理，减少垃圾占用的土地资源和环境污染。分类处理的目的就是将废弃物分流处理，利用现有生产制造能力，回收利用回收品，包括物质利用和能量利用。填埋处置暂时无法利用的无用垃圾。

课后拓展

单选题

1. 以下不属于常规能源的是（　　　）。

A. 石油　　　　　B. 天然气　　　　　C. 风能　　　　　D. 水能

2. （　　）气体是导致地球温室效应最主要的原因。

A. 二氧化硫　　　B. 二氧化碳　　　　C. 臭氧　　　　　D. 氮氧化物

3. 《节约能源法》明确规定：节约资源是我国的一项（　　）。

A. 基本国策　　　B. 基本制度　　　　C. 法律制度　　　D. 政治任务

4. 我国能源发展的战略是（　　）。

A. 节约与开发并举，将节约放在首位

B. 开发为主，节约为辅

C. 优化开发与重点开发并举，将优化开发放在首位

D. 节约与开发并举，将开发放在首位

5. 国家开展节能宣传和教育，增强全民的节能意识，提倡（　　）的消费方式。

A. 节约型　　　　B. 开放型　　　　　C. 集约型　　　　D. 密集型

6. 能效标识，是指附在用能产品或者其包装物上，表示产品（　　）等性能指标的一种信息标识。

A. 能源消耗等级　　　　　　　　B. 能源效率等级

C. 功率能耗等级　　　　　　　　D. 转换效率等级

7. 选购空调时要考虑房间大小，1 匹空调适合 12 平方米左右的房间；1.5 匹空调适合（　　）平方米左右的房间。

A. 15　　　　　　B. 18　　　　　　　C. 25　　　　　　D. 28

8. 使用空调消耗电量很大，夏天调到多少度既相对舒适又省电（　　）。

A. 25 度　　　　　B. 26 度　　　　　　C. 24 度　　　　　D. 18 度

9. 生活热水供应的温度一般设置温度在多少度以下为宜（　　）。

A. 30 度　　　　　B. 45 度　　　　　　C. 60 度　　　　　D. 80 度

10. "低碳"是指（　　）。

A. 减少碳水化合物　　　　　　　B. 减少二氧化碳排放

C. 减少一氧化碳排放　　　　　　D. 减少碳金属

11. 地球日是（　　）。

A. 4 月 22 日　　B. 5 月 5 日　　　　C. 6 月 12 日　　　D. 7 月 8 日

12. 我国使用的能源以（　　）为主。

A. 石油　　　　　B. 煤　　　　　　　C. 天然气　　　　D. 汽油

13. 我国从 2007 年起，每年（　　）开展城市"公交周及无车日活动"。活动期间，鼓励公众乘坐公共交通、步行或骑自行车出行。

A. 7 月 16～22 日　　　　　　　　B. 8 月 16～22 日

C. 9 月 16～22 日　　　　　　　　D. 10 月 16～22 日

14. 人均而言，下列哪种出行方式所排放的二氧化碳最大（　　）。

A. 自行车　　　　B. 飞机　　　　　　C. 出租车　　　　D. 公共汽车

延伸阅读

"碳达峰"和"碳中和"

一、什么是"碳达峰"和"碳中和"

"碳达峰"指二氧化碳排放量在达到历史峰值后，在一段时间内会在一定范围内上下波动，随后迎来拐点，进入平稳下降的通道。

"碳中和"是指社会上的企业、团体和个人通过一定的去除手段，比如节能减排、推广使用绿色清洁能源、植树造林等方式，抵消自身在一定时间内直接或间接产生的二氧化碳排放总量，达到"净零排放"的目标。

二、中国提出碳达峰和碳中和的意义

2020 年 9 月 22 日，习近平主席在第七十五届联合国大会上宣布，中国力争 2030 年前二氧化碳排放达到峰值，努力争取 2060 年前实现碳中和。碳达峰和碳中和目标的提出具有重大战略意义：

1. 有助于推进世界碳达峰和碳中和进程

中国占世界能源碳排放总量比重比较大，中国提出碳达峰和碳中和目标，对全球碳达峰与碳中和具有至关重要的作用。中国的碳中和承诺无疑为提升碳中和行动影响力，提振全球气候行动信心做出了重要贡献。

2. 是一场极其广泛深刻的绿色工业革命

我国创新绿色工业化、绿色现代化，即"广泛形成绿色生产生活方式，碳排放达峰后稳中有降，生态环境根本好转，美丽中国建设基本实现"。绿色现代化本质是创新绿色要素，加速实现从高碳经济转向低碳经济，进而实现零碳经济目标的绿色经济发展体系。

三、如何实现碳达峰和碳中和

1. 促进可再生能源的发展

政府可以通过引入补贴、税收优惠等激励政策，鼓励企业和个人采用太阳能、风能等可再生能源，并扩大可再生能源发电容量。

2. 推广能源的高效利用

政府可以通过加强节能标准的监管，引入节能技术、智能电网、智慧建筑等创新技术，降低单位能耗，提高资源利用效率，减少二氧化碳排放。

3. 推进产业转型升级

政府可以通过引导企业进行绿色转型，鼓励企业加大对低碳技术、绿色产品和服务的投入，实现产业结构的转型升级，降低碳排放。

4. 加强国际合作

各国加强合作，共同制定应对气候变化的国际协议和减排时间表。同时，各国可以加强技术创新合作，推广先进技术和经验，共同应对气候变化挑战。

5. 倡导低碳生活方式

实现碳达峰和碳中和不仅需要政府和企业的努力，也需要每个人的参与和努力。人

们通过改变自己的生活方式，选择低碳交通方式，减少食物浪费，购买环保产品等方式，降低自身的碳排放。

任务3 绿色技能助力垃圾分类

学习目标

知识目标：了解垃圾分类的内涵及原因。

能力目标：掌握垃圾分类的种类和实践要求。

素养目标：培养绿色生态意识和绿色技能，积极推动垃圾分类工作。

职场故事

最难推广的"小事情"

某市综合行政执法局在巡查城区某商场时，发现该商场的露天广场内东北侧靠墙处露天摆放了19只绿色垃圾桶，其中15只有厨余垃圾标识，3只有其他垃圾标识，1只有有害垃圾标识，其中4只厨余垃圾桶无盖。每个垃圾桶内均有纸板、水果皮、菜叶、烟头等各类垃圾混在了一起。地面散落有纸质标签、菜叶和树叶，四周无垃圾分类相关标语标识，摆放的垃圾桶杂乱无序，且桶壁内外有污渍附着，严重影响环境卫生。

各抒己见

1. 分析此商场垃圾分类方式有何不妥之处。

2. 请帮助该商场拟定几条关于垃圾分类的标语标识。

学习感悟

垃圾分类听起来事小，但是执行起来却较难。实行垃圾分类关系广大人民群众生活环境，提高垃圾分类的意识和技能刻不容缓。进行垃圾分类，除了需要城市综合行政执法部门进行宣传、检查、执法多维切入，参与垃圾分类的管理外，还需要对每位公民进行垃圾分类宣传、培训，增强个人垃圾分类、环境保护的意识，提高垃圾分类的绿色技能。

活动导练

一、垃圾分类

【目标（object）】

通过导练活动，增强垃圾分类的意识，提高垃圾分类绿色技能。

【任务（task）】

将下列表中的垃圾按照"可回收垃圾、厨余垃圾、有害垃圾、其他垃圾"进行分类。

旧报纸	用过的面膜	废弃的纸巾	废电池	瓜果皮壳
剩菜剩饭	塑料瓶	泡过的茶叶	用过的粽子叶	废弃手机
枯败的花卉绿植	坏掉的木质玩具	废灯管	过期化妆品	鱼刺鸡骨
杀虫剂	过期药品	用过的尿不湿	易拉罐	破旧的打火机
过期的油漆	椰子壳	破碎的水银温度计	外卖包装	坏掉的插座
穿过的内衣	用过的塑料袋	废旧小家电	贝壳	玻璃酒瓶

【准备（prepare）】

地点：教室。

材料和工具：海报纸、水彩笔、手机或平板。

分组：将班级同学分为 4 个小组，选出小组长。

计划时间：约 15 分钟。

【行动（action）】

1. 每小组成员按垃圾分类要求将表格中的垃圾进行分类讨论。

2. 经过小组讨论，将讨论结果记录在海报纸上，最后确定本小组的分类结果。

3. 每小组选出代表进行分享讲述。

4. 开展小组自评，小组互评，教师对每小组的展示进行总结点评。

【评价（evaluate）】

评价表

评价内容	小组自评	小组互评	教师点评
讨论过程全员参与，体现团队协作。			
对全部垃圾都进行了分类，垃圾分类正确无误。			
分享展示清楚明了，如有海报，设计合理美观。			

二、奶茶的垃圾分类

【目标（object）】

通过导练活动，学会垃圾分类，有助于保护环境，减少资源浪费，提高资源的回收利用率。

【任务（task）】

请帮助肖同学将"未喝完的奶茶"进行垃圾分类。

肖同学去篮球馆的路上，买了一杯奶茶，刚喝了两口，到球馆时发现球馆禁止携带饮料入场，肖同学决定把未喝完的奶茶扔掉，当肖同学跑到垃圾桶旁时，看到标志牌上的提醒要进行垃圾分类处理，这可把肖同学给难住了。

【准备（prepare）】

地点：教室

材料和工具：纸、笔、手机或平板，剩余奶茶（含液体奶茶、珍珠、椰果、杯盖、杯体、吸管）。

分组：将班级同学分为4个小组，选出小组长。

计划时间：约15分钟。

【行动（action）】

1. 小组成员讨论剩余"奶茶"如何进行垃圾分类。

2. 每小组将讨论结果记录在纸上。

3. 每小组选出代表展示剩余"奶茶"垃圾的分类结果。

4. 开展小组自评，小组互评，教师对每小组的展示进行总结点评。

【评价（evaluate）】

评价表

评价内容	小组自评	小组互评	教师点评
讨论过程全员参与，体现团队协作。			
将剩余"奶茶"垃圾全部清楚分类。			
分享展示清楚明了。			

知识链接

一、垃圾分类的含义与实施过程

1. 垃圾分类的含义

随着我国经济社会的高速发展，每天会产生大量的生活垃圾。垃圾未经分类就回收或者任意丢弃会造成环境污染。

垃圾分类是指按一定规定或标准将垃圾分类储存、投放和搬运，从而转变成公共资源的一系列活动的总称。

2. 垃圾分类的实施过程

北京是较早出现垃圾分类的城市。1957年7月12日，《北京日报》头版头条发表文章《垃圾要分类收集》。当时提出垃圾分类的背景是"勤俭建国"。真正意义上的垃圾分类开始于20世纪90年代末。1996年前后，北京多个小区试点垃圾分类，但由于后端处理设施缺位，分类垃圾桶大多成了摆设。

2000年，住建部确定北京等8座城市试点垃圾分类，开始可回收、不可回收"两分法"的推广。2009年4月，北京市委、市政府发布《关于全面推进生活垃圾处理工作的意见》。确立垃圾分类分为可回收物、厨余垃圾和其他垃圾三类。

2016 年 12 月 21 日，习近平总书记主持召开中央财经领导小组第十四次会议并发表重要讲话。他强调，要加快建立分类投放、分类收集、分类运输、分类处理的垃圾处理系统，形成以法治为基础、政府推动、全民参与、城乡统筹、因地制宜的垃圾分类制度，努力提高垃圾分类制度覆盖范围。

2019 年 7 月 1 日，《上海市生活垃圾管理条例》正式施行，这意味着生活垃圾分类工作正式纳入法治化轨道。

二、垃圾分类的意义

垃圾分类是一项重要的环保行动，对于保护环境、实现可持续发展以及提升公众环保意识都具有重要的意义。垃圾分类的意义有以下几个方面。

1. 环境保护

垃圾分类减少了垃圾对环境的污染。通过将可回收物、有害垃圾、湿垃圾和其他垃圾分开收集和处理，可以避免不同种类垃圾的相互污染和交叉感染，减少大气、水体和土壤受到的污染程度。

2. 资源回收利用

生活垃圾中有 30%～40% 可以回收利用。例如回收 1 500 吨废纸，可免于砍伐用于生产 1 200 吨纸的林木。垃圾分类有利于资源的有效回收和再利用。可回收物如纸张、塑料、玻璃、金属等可以经过分类回收，再次加工生产新的产品，减少对自然资源的依赖。通过垃圾分类，还可以提取有机垃圾中的能源、肥料等资源，实现资源的最大化利用。

3. 节能和减排

垃圾分类有助于能源的节约和减排。通过将可回收物分开收集和处理，减少了对原始材料的需求，降低了生产过程中的能源消耗和碳排放量。同时，通过有机垃圾的沼气化处理，还可以获得生物能源，减少化石能源的使用。

4. 美化城市环境

垃圾分类改善了城市的环境质量。通过分别收集和处理不同种类的垃圾，可以减少垃圾堆放的量和时间，并有效地控制垃圾产生的异味、苍蝇等问题，提升了城市的整体卫生水平。

三、垃圾的分类

1. 可回收物

可回收物主要包括废纸、塑料、玻璃、金属物和布料五大类。

废纸：主要包括报纸、期刊、图书、各种包装纸等。但是，要注意纸巾和厕所用纸，由于水溶性太强不可回收。

塑料：各种塑料袋、塑料泡沫、塑料包装（快递包装纸是其他垃圾）、一次性塑料餐盒餐具、硬塑料、塑料牙刷、塑料杯子、矿泉水瓶等。

玻璃：主要包括各种玻璃瓶、碎玻璃片、暖瓶等。（镜子是其他垃圾/干垃圾）

金属物：主要包括易拉罐、罐头盒等。

布料：主要包括废弃衣服、桌布、洗脸巾、书包、鞋等。

2. 厨余垃圾（湿垃圾）

厨余垃圾包括剩菜剩饭、骨头、菜根菜叶、果皮等食品类废物。经生物技术就地处理堆肥，每吨可生产 0.6～0.7 吨有机肥料。

3. 有害垃圾

有害垃圾含有对人体健康有害的重金属、有毒的物质或者对环境造成现实危害或者潜在危害的废弃物。包括电池、荧光灯管、灯泡、水银温度计、油漆桶、部分家电、过期药品及其容器、过期化妆品等。这些垃圾一般单独回收。

4. 其他垃圾（干垃圾）

其他垃圾包括除上述几类垃圾之外的砖瓦陶瓷、渣土、卫生间废纸、纸巾等难以回收的废弃物及尘土、食品袋（盒）。采取卫生填埋可有效减少对地下水、地表水、土壤及空气的污染。

四、垃圾分类，从我做起

1. 不要乱扔垃圾，养成保护环境的习惯

保护环境，人人有责。我们生活在地球上，得到了大自然给予我们享之不尽的各种资源，因而得以生存、繁衍，同时我们也有保护环境的责任。我们在日常生活中都应该学会正确投放垃圾，而不是嫌麻烦乱扔乱倒。

2. 不要铺张浪费，减少制造垃圾源

许多人为了所谓的面子、排场、自我虚荣心等，在使用或购买东西的时候远远超出自己的需要，有些人甚至还会超出自己的能力所能承担的，这种行为不仅不理智，还会产生较多的垃圾。因此，我们应该秉持绿色、环保的理念，为生活做减法，买需要的，适量即可。

3. 不要盲目投放，学会正确的垃圾分类

为给大家做好宣传，让人人都掌握垃圾分类的知识，不同地区进行了多种多样的宣传方式，如通过社区工作站、物业宣传栏等，以视频、宣传手册、标识等多元化的宣传，以提高居民垃圾分类意识和能力。我们应该学会正确的垃圾分类，不盲目投放。

4. 不要心存侥幸，主动以身作则

以前的垃圾处理都是一股脑地全部扔进垃圾袋再扔进垃圾桶，现在需要对垃圾进行分类，再进行分类投放，毕竟从粗糙到细致也需要时间适应与过渡。但是，我们不能有侥幸心理，在有人监督的时候规范操作，在没人监督的时候却随意任性。只有我们都严

于律己，主动以身作则，在垃圾分类方面做到自律，才会让我们的生活环境越来越好。

我们每个人都是垃圾的制造者，每个人也都是垃圾的受害者，所以我们每个人都应当成为垃圾的治理者。推进垃圾分类，让我们共同行动起来，培养垃圾分类的好习惯，一起来为改善生活环境作努力，一起来为绿色发展、可持续发展作贡献。

课后拓展

单选题

1. 包了口香糖的纸巾属于哪类垃圾（　　　）
   A. 其他垃圾　　　　　B. 有害垃圾　　　　　C. 可回收物　　　　　D. 厨余垃圾

2. 保鲜膜属于哪类垃圾（　　　）
   A. 其他垃圾　　　　　B. 有害垃圾　　　　　C. 可回收物　　　　　D. 厨余垃圾

3. 变质的香肠属于哪类垃圾（　　　）
   A. 厨余垃圾　　　　　B. 其他垃圾　　　　　C. 有害垃圾　　　　　D. 可回收物

4. 椰子壳属于哪类垃圾（　　　）
   A. 其他垃圾　　　　　B. 有害垃圾　　　　　C. 可回收物　　　　　D. 厨余垃圾

5. 剥掉的蛋壳属于哪类垃圾（　　　）
   A. 其他垃圾　　　　　B. 有害垃圾　　　　　C. 可回收物　　　　　D. 厨余垃圾

6. 菜刀属于哪类垃圾（　　　）
   A. 其他垃圾　　　　　B. 有害垃圾　　　　　C. 可回收物　　　　　D. 厨余垃圾

7. 茶叶渣应扔进哪个垃圾桶（　　　）
   A. 其他垃圾　　　　　B. 有害垃圾　　　　　C. 可回收物　　　　　D. 厨余垃圾

8. 吃剩的饼干渣是什么垃圾（　　　）
   A. 其他垃圾　　　　　B. 有害垃圾　　　　　C. 可回收物　　　　　D. 厨余垃圾

9. 掉在地上的树叶是什么垃圾（　　　）
   A. 其他垃圾　　　　　B. 有害垃圾　　　　　C. 可回收物　　　　　D. 厨余垃圾

10. 过期的化妆品是什么垃圾（　　　）
   A. 其他垃圾　　　　　B. 厨余垃圾　　　　　C. 可回收物　　　　　D. 有害垃圾

延伸阅读

垃圾分类操作流程

在自己家中或工作单位等地方，产生垃圾时，我们应将垃圾按本地区的标准要求做到分类、投放，并注意做到以下几点：

（1）垃圾收集：收集垃圾时，应做到密闭收集，分类收集，防止二次污染环境，收集后应及时清理作业现场，清洁收集容器和分类垃圾桶。用非垃圾压缩车直接收集的方式，应在垃圾收集容器中内置垃圾袋，通过保洁员密闭收集。

（2）投放前：纸类应尽量叠放整齐，避免揉团；瓶罐类物品应尽可能将容器内产品用尽后，清理干净后投放；厨余垃圾应做到袋装、密闭投放。

（3）投放时：应按垃圾分类标志的提示，分别投放到指定的地点和容器中。玻璃类物品应小心轻放，以免破损。

（4）投放后：应注意盖好垃圾桶上盖，以免垃圾污染周围环境，滋生蚊蝇。

绿色冬奥

"绿色冬奥"是2022年北京冬奥会的理念之一，绿色能源、绿色交通、低碳场馆等，构成一幅幅中国绿色可持续发展的优美画卷，成为北京冬奥会最大亮点，吸引了全世界的目光。

"让张家口的风，点亮北京冬奥的灯"，是北京绿色奥运的特色之一。丰富的清洁能源，通过张北柔性直流电网试验示范工程这条"绿电高速路"，送到北京、延庆、张家口3个赛区，点亮了北京冬奥会场馆，实现了全部场馆常规电力消费100％使用绿电。有关测算表明，到冬残奥会结束时，冬奥会场馆将耗电约4亿度，因使用绿电，可减少标煤燃烧12.8万吨，减排二氧化碳32万吨。

低碳交通是北京冬奥会的又一个亮点。北京冬奥会大量使用氢燃料车、纯电动车、天然气车、混合动力车，节能、清洁能源车辆占全部车辆比例85.84％，为历届冬奥会最高。运行在京张高铁线上的复兴号智能动车组，采用了轻量化技术、可降解材料、石墨烯空气净化装置、废水再利用系统等，车头采用了仿生学车头方案，运行阻力减小7.9％，综合能耗降低10％以上。北京冬奥会使用的赛事交通服务用车，约减排1.1万吨二氧化碳，相当于5万余亩森林一年的碳汇蓄积量。

北京冬奥会"绿色创意"无处不在，2008年奥运会的"水立方"，通过水冰转换技术成为"冰立方"，实现了夏奥场馆到冬奥场馆的转变。四个冰上场馆创新性地采用二氧化碳跨临界直接制冷方式制冰，碳排放"近零"。新建场馆全部达到最高等级的绿色三星标准，许多创新绿色建造技术在此次冬奥会上加以使用。在"绿色低碳"的高标准要求下，北京冬奥会在赛区设计中着力打造了水资源全收集、全处理、再利用的"海绵赛区"。

中国在"绿色办奥"方面出台多项措施，不仅顺应了国际绿色低碳发展潮流，也展示了中国在绿色低碳发展方面的进步和成就，向国际社会递交了一份亮眼的"绿色成绩单"。

北京举办绿色奥运，体现了中国推动绿色发展的坚定决心，承载着人类建设绿色家园的共同梦想，坚持绿色低碳，秉持"可持续·向未来"的诚挚愿景，北京冬奥会成为展现中国绿色发展成就的窗口，也为全球可持续发展贡献了中国智慧和力量。

模块 6

安全生产及质量素养

---------------------------- 隽 语 哲 思 ----------------------------

患生于所忽，祸起于细微。

——刘向

居安思危，思则有备，有备无患。

——《左传·襄公》

　　安全生产是为了防止生产过程中的人员伤亡、设备损坏以及各种灾害的发生，保障员工的安全与健康，也保障企业生产的正常进行。安全生产是我国长期坚持的一项重要政策。

　　质量是企业和产品的生命，关系着广大消费者的权益和企业的生存与发展，也是社会经济发展的重要保障。质量管理直接影响着企业产品和服务的竞争优势以及市场占有率。

　　在本模块中，我们通过对防范安全风险和加强质量管理知识的学习，提高安全风险意识和质量意识，为未来进入职场成为一名合格的职业人做好准备。

任务 1　防范安全风险

学习目标

　　知识目标：熟悉主要安全标志，掌握防范安全风险的知识。

　　能力目标：能够识别职场中的危险源，防范安全风险。

　　素养目标：能够培养积极的工作态度，自觉营造良好的工作环境，增强职场安全意识。

职场故事

治未病

　　扁鹊是我国春秋战国时期的名医。相传有一天，魏文王问扁鹊："你们家兄弟三人，谁的医术最好呢？"扁鹊答道："我的大哥医术最好，二哥次之，我最差。"文王又问："那为什么你最出名呢？"扁鹊说："我大哥治病，是治病于病情发作之前。由于一般人不知道他能事先铲除病因，所以他的名气无法传出去。我二哥治病，是治病于病情初起之时。一般人以为他只能治轻微的小病，所以他的名气只能在我们乡里流传。而我治病，是治病于病情严重之时。一般人都看到我在经脉上穿针放血、在皮肤上敷药等，所以以为我的医术高明，因此名气响遍全国。"

各抒己见

　　1. 请思考：名气响遍全国的扁鹊为什么说自己是三兄弟中最差的呢？

　　2. 请结合这个小故事，联系生活中的实际，说说你身边的安全故事。

学习感悟

　　在这个故事中，虽然扁鹊有非常高明的医术，但他认为能够病前救人是最好的，所以扁鹊说自己的大哥医术最好。的确，病前救治花费的精力和成本都很小，而且病人受到的痛苦也小。小故事可以折射出大道理。事后不如事中控制，事中不如事前控制。在职场中，增强安全意识，做好安全风险防范，使安全隐患"未有形而除之"，正是我们即将进入职场的中职生所必须学习和实践的，是作为一名职业人的必备素养之一。

⚙️ 课堂导练

一、识别职场中的安全隐患

【目标（object）】

利用相关知识分析以下漫画中存在的职场安全隐患，提高学生识别现场危险源的能力。

漫画 1　起重机卸钢材

漫画 2　喷涂料的女工

漫画 3　从悬吊踏板上拿取螺栓盒

漫画 4　安装悬空作业平台

【任务（task）】

全班分组竞赛，快速识别都有哪些安全隐患。

【准备（prepare）】

地点：教室。

材料和工具：漫画、纸、笔。

分组：将班级同学分为 4 个小组，每个小组选出小组长。

【行动（action）】

1. 对漫画进行识别，每小组任务分派，分别进行危险源识别。

2. 每小组选出两名同学，代表本小组上台展示，小组之间进行互评。

3. 教师对各小组的展示进行总结点评。

【评价（evaluate）】

评价表

内容	个人自评	小组互评	教师点评
安全隐患识别的数量			
安全隐患识别的原因分析			
避免安全隐患的对策			

二、收集并讲解职场安全知识

【目标（object）】

了解职场中各种常见作业的安全知识。

【任务（task）】

收集职场中各种常见作业的安全知识和安全要求，以小组为单位制作演讲报告 PPT，进行常见作业的安全知识演讲。常见作业如下表所示：

常见作业

1. 动火作业	4. 吊装作业
2. 焊接作业	5. 动土作业
3. 高处作业	6. 电气作业

【准备（prepare）】

地点：教室。

材料和工具：手机、电脑、打印机。

分组：将班级同学分为 6 个小组，每个小组选出小组长。

【行动（action）】

1. 每小组从六个任务中选取一个任务，进行常见作业安全知识的信息收集。

2. 组长进行信息汇集整理，小组成员制作演讲报告 PPT。

3. 每小组选出一名同学，代表本小组上台展示，小组之间进行互评。

4. 教师对每小组的展示进行总结点评。

【评价（evaluate）】

评价表

内容	个人自评	小组互评	教师点评
安全知识收集的全面性			
演讲报告 PPT 制作质量			
安全知识讲解的生动性			

知识链接

一、安全色和安全标志

安全色和安全标志是在作业现场中最基本、最明显的安全提示信息，它是向工作人员警示工作场所或周围环境的危险状况，指导工作人员采取合理行为的标志，从而预防危险，避免事故发生。

1. 安全色

安全色即传递安全信息含义的颜色，包括红、黄、蓝、绿四种颜色。安全色用途广泛，需要和相应的对比色配合使用，以传达特定的意义。安全色的含义及用途见下表。

安全色的含义及用途

安全色	对比色	含义	用途举例
红色	白色	禁止、停止、危险、消防	各种禁止标志、交通禁令标志、消防设备标志、机械的停止按钮、刹车及停车装置的操纵手柄、机械设备转动部件的裸露部位、仪表刻度盘上极限位置的刻度、各种危险信号旗等
黄色	黑色	警告、注意	各种警告标志、警告信号旗等
蓝色	白色	指令、必须遵守	各种指令标志、道路交通标志和标线中指示标志
绿色	白色	安全	各种提示标志、机器启动按钮、安全信号旗、急救站、疏散通道、避险处、应急避难场所等

2. 安全标志

安全标志是用来表达特定安全信息的标志，它是由图形符号、安全色、几何形状（边框）或文字构成。安全标志分为禁止、警告、指令和提示四大类型标志。

（1）禁止标志。

禁止标志表示不准或制止人们的某些行动与行为。禁止标志的几何图形是带斜杠的圆环，其中圆环与斜杠相连，用红色；图形符号用黑色，背景用白色。

禁止靠近　　　　　　　禁止入内　　　　　　　禁止触摸

常见的禁止标志

（2）警告标志。

警告标志表示警告人们可能发生的危险。警告标志的几何图形是黑色的正三角形，由黑色符号和黄色背景构成。

当心机械伤人　　　　　当心伤手　　　　　　当心高温表面

常见的警告标志

（3）指令标志。

指令标志是指必须遵守的规定。指令标志的几何图形是圆形，由蓝色背景和白色符号构成。

必须系安全带　　　　　必须穿防护鞋　　　　　必须戴防护手套

常见的指令标志

（4）提示标志。

提示标志是指示意目标的方向。提示标志的几何图形是方形，由绿色背景和白色图形符号及文字构成。

紧急出口

应急避难场所

应急电话

常见的提示标志

二、危险源的识别

危险源是指一个系统中具有潜在能量和物质释放危险的，可造成人员伤害、财产损失或环境破坏的，在一定的触发因素作用下可转化为事故的某些部位、区域、场所、空间、岗位、设备及其位置。

1. 危险源的构成

危险源由三个要素构成，即：潜在危险性、存在条件和触发因素。

潜在危险性是指事物内在具有的可能引发事故的特性或性质。它反映了危险源的固有危险程度。

存在条件是指危险源所处的物理状态、化学状态和约束条件状态。

触发因素是指在一定条件下，能够引发潜在危险性和存在条件结合的外部或内部因素。

2. 危险源的分类

危险源具有危险因素复杂、相互影响大、波及范围广、伤害严重等特点。危险源可分为五类，具体内容见下表。

危险源的分类

类型	主要危险源
化学品类	有毒有害化学制剂、易燃易爆气体、腐蚀性物质
辐射类	高温辐射、放射源、射线装置、电磁辐射装置
生物类	动物、植物、微生物（传染病病原体类等）等危害个体或群体生存的生物因子
特种设备类	高能高压设备、起重机械、锅炉、压力容器、压力管道
电气类	高电压或高电流、高速运动、高温作业等非常态、静态、稳态装置或作业

3. 危险源的识别

能够引发事故的四个基本要素包括：人的不安全行为，物的不安全状态，环境的不安全条件和管理缺陷。危险源的识别是指将生产过程中常见的危险源，通过正确的方法及时而准确地识别出来，进而对其进行管理和控制，避免事故的发生。一般而言，危险源可能存在事故隐患，也可能不存在事故隐患，所以在安全管理过程中，必须及时识别存在事故隐患的危险源，加以整改。

为了能够及时识别危险源，制定风险防控措施，消除和降低安全风险，避免安全事故的发生，应当采用各种方法对危险源进行识别。目前，已经开发出的危险源辨识方法有几十种之多。常用危险源辨识方法如下表所示。

常用危险源辨识方法

辨识方法	内容
询问、交谈法	对于某项工作具有经验的人，往往能指出工作中的危害。可通过询问、交谈，找出危险源
问卷调查法	通过事先准备好的一系列问题，请相关人员填写问卷，可获取关于危险源的信息
现场观察法	通过对作业环境的观察，可发现存在的危险源。进行观察的人员必须掌握一定的安全技术知识，了解相关法规和标准
查阅记录法	查阅本单位事故、职业病记录，从中发现危险源
获取外部信息法	从类似单位、文献资料、专家咨询等方面获取有关危险源的信息，加以分析研究，可辨识本单位存在的危险源
工作任务分析法	分析本单位员工在完成工作任务时所涉及的危害，可辨识有关危险源
安全检查表法	运用已编制好的安全检查表，对本单位进行系统的安全检查，可辨识存在的危险源

危险源识别作为企业管理的重要组成部分，不仅能够降低企业的经济损失，提高企业的生产效率，而且能够提高企业的诚信度和全体员工的素质。

三、安全风险的防范措施

防范安全风险是一项全面的工作，需要从制度建设、人员管理、操作管理、设备管理以及环境管理等方面综合考虑。另外，行业不同，安全风险的防范措施的具体内容也会不同，但总体上可以采取以下一些办法。

1. 制定安全防护措施

为保证安全生产，企业一般会从以下几个方面制定防护措施：

（1）生产环境的安全防护。

生产现场应配备安全防护装置及设施，应符合国家颁布的工业企业设计卫生标准、建筑设计防火规范及其他所有规定的要求；有毒有害生产作业场所应当与无害作业区和生活区分开，且应设置自动报警装置和通风设施；应当具有可靠的通风、吸尘、净化、隔离等必要的防护措施，并定期进行环境监测；生产现场的危险品应具有醒目的安全标志和相应的安全应急预案。

（2）生产过程的安全防护。

生产现场必须确保具有可靠的安全防护设备、应急救援设施以及通信报警装置；确保对安全防护设施进行经常性维护、检修，确保其处于良好的运行状态；进入有毒有害生产作业现场，作业人员须佩戴符合国家职业卫生标准的防护用品，并保证作业场所良好的通风状态；企业定期组织对有毒有害生产作业现场进行职业中毒危害因素监测和评价。

（3）生产人员的安全防护。

对生产人员定期进行健康检查，并建立健康档案；对受到或可能受到急性职业中毒危害的作业人员，应要求企业及时组织健康检查和医学观察。

2. 安全教育与训练

企业管理人员与操作人员应具备安全生产的基本条件与素质；作业人员经过安全教育培训，考试合格后方可上岗作业；特种作业（电工作业，起重机械作业，电、气焊作业，登高架设作业等）人员，必须经专门培训、考试合格并取得特种作业上岗证，才可独立进行特种作业。

3. 落实安全责任管理

企业应当建立各级人员的安全生产责任制度，明确各级人员的安全责任，组织管理人员进行监督和定期考核，促使各工种作业人员作业标准化，防范安全事故的发生。

4. 实施安全检查

安全检查是发现危险源的重要途径，也是消除事故隐患、防止事故伤害、改善劳动条件的重要方法。同时通过安全检查，可以提高全体员工对安全的认识和责任心。

课后拓展

安全知识竞赛

1. 新员工必须接受公司的三级教育，经考核合格后方可上岗。这里的"三级"是指（　　）。

A. 公司、部门、车间

B. 厂级、车间、班组

C. 厂级、部门、车间

2.《中华人民共和国安全生产法》明确规定了员工的权利和义务。每个员工在享有权利的同时也要履行自己的义务。下列哪条是员工应尽的义务？（　　）

A. 按自己意愿做事，不接受安全培训

B. 接受公司安全教育培训，提高安全意识和劳动技能

C. 遵守国家法律法规，但可不遵守厂纪厂规

3. 从业人员不服从管理，违章作业，造成重大事故的，构成（　　）。

A. 玩忽职守罪

B. 重大劳动安全事故罪

C. 重大责任事故罪

4. "安全第一，预防为主，综合治理"是安全生产工作的（　　）。

A. 目标

B. 方向

C. 方针

5.《中华人民共和国安全生产法》所指的危险物品包括（　　　）。

A. 易燃易爆物品、危险化学品、放射性物品

B. 高压气瓶、手持电动具

C. 大型机械设备

6. 企业新建、改建、扩建工程项目的什么设施应当与主体工程同时设计、同时施工、同时投入生产和使用？（　　）

A. 生活设施

B. 公共设施

C. 安全设施

7. 根据《中华人民共和国安全生产法》第五十五条的规定，从业人员在什么情况下，有权停止作业或者在采取可能的应急措施后撤离作业场所？（　　）

A. 发现直接危及人身安全的紧急情况时

B. 出现危险情况时

C. 发现随时可能发生事故时

8.《中华人民共和国安全生产法》第三十条规定，生产经营单位的特种作业人员必须按照国家相关规定经专门的安全作业培训，取得相应资格，方可上岗作业。下列哪些是属于特种作业人员？（　　）

A. 电工、焊工、叉车司机、货梯电梯操作员

B. 车工、钳工、模具工

C. 建造业工人、造船工

9.《中华人民共和国职业病防治法》所称职业病是指哪些疾病？（　　　）

A. 企业事业单位和个体经济组织的劳动者在职业活动中，因接触粉尘、放射性物质和其他有毒、有害物质等因素而引起的疾病

B. 劳动者在生产劳动中，因接触生产中的有害因素而引起的疾病

C. 劳动者在从事生产劳动时所患的疾病

10. 根据《中华人民共和国职业病防治法》第二十二条的规定，用人单位必须采用有效的职业病防护设施，并为劳动者提供个人使用的职业病防护用品。用人单位为劳动者个人提供的职业病防护用品必须符合（　　　）。

A. 国家标准或行业标准的要求

B. 防治职业病的要求

C. 国际标准的要求

📖 延伸阅读

5S 管理与职场安全

5S 管理是生产现场管理人员对现场的人员、机器、材料、方法、环境等生产要素进行有效管理，并对其所处状态进行不断改善的基础活动。营造干净整洁、一目了然的现场环境，使企业中每个场所的环境、每位员工的行为都能符合 5S 管理的精神，最终

实现现场管理水平的提高。下表列出了 5S 的宣传标语及具体内容。

5S 的宣传标语及具体内容

5S	宣传标语	具体内容
整理（seiri）	要与不要，一留一弃	区分需要的和不需要的物品，果断清除不需要的物品
整顿（seiton）	明确标识，方便使用	将需要的物品按量放置在指定的位置，以便任何人在任何时候都能立即取来使用
清扫（seiso）	清扫垃圾，美化环境	除掉车间地板、墙、设备、物品、零部件等上面的灰尘和异物，以创造干净、整洁的环境
清洁（seiketsu）	洁净环境，贯彻到底	维持整理、整顿、清扫状态，从根源上改善使现场发生混乱的现象
素养（shitsuke）	持之以恒，养成习惯	遵守企业制定的规章制度、作业方法，讲究文明礼仪，具有团队合作意识等，并使之成为素养。另外，可使员工能自发地、习惯性地改善行为

1. 整理

整理可以使得现场没有杂物，过道通畅，提高工作效率；也可以防止误用、误送，保障生产安全；还可以消除浪费，营造良好的工作环境。

2. 整顿

整顿，即按定位置、定数量、定容器、定方法和定标识的"五定"原则进行现场清理。将必需品整齐放置，清晰标识，最大限度地缩短寻找和放回的时间。定位置是指确定固定、合理、便利的存放位置；定数量是指确定存放数量的最高和最低限度；定容器是指确定合适的存放容器，以便物品的有效存放；定方法是指采用行迹管理等方法放置物品；定标识是指用统一、明确的文字、颜色标识物品。

3. 清扫

清扫是把负责的工作区域清扫干净。清扫的要点是"三扫"，即"扫黑、扫漏、扫怪"。所谓扫黑是指清扫垃圾、灰尘、异物等；所谓扫漏是指发现漏水、漏油等现象，及时查明原因，采取措施；所谓扫怪是指对异常的声音、温度、震动等进行整修。清扫干净可使环境整洁，设备完好，也使作业人员心情舒畅、头脑清醒，从而保证安全。

4. 清洁

清洁的要点是明确责任人、工作标准化、监督检查。明确责任人是指明确责任负责人，实行责任制管理；工作标准化是指制定明确的整理、整顿、清扫制度，进行标准化管理；监督检查是指通过定期检查、相互监督等方法，巩固已取得的成果。

5. 素养

通过宣传教育和各种活动使员工遵守 5S 规范，养成良好习惯，提升员工素质，从而形成良好的企业文化。素养的具体表现见下表。

素养的具体表现

素养内容	素养说明
良好的行为习惯	员工遵守规章制度（厂规厂纪，出勤和会议规定，岗位职责、操作规范），工作认真，无不良行为；员工遵守 5S 规范，养成良好的工作习惯
良好的个人形象	员工着装整洁得体，举止文雅，说话有礼貌
良好的精神面貌	员工工作积极，主动贯彻执行整理、整顿、清扫等制度
遵礼仪、有礼貌	员工待人接物诚恳有礼貌，互相尊重、互相帮助，遵守社会公德，富有责任感，关心他人

5S 活动之间是紧密联系的，整理是整顿的基础，整顿是对整理成果的巩固，清扫可以显现整理、整顿的效果，而通过清洁和素养，可以使生产现场形成良好的氛围。

任务 2 加强质量管理

学习目标

知识目标：熟悉质量和质量意识的基本概念，了解全面质量管理的含义。

能力目标：能够初步运用质量意识和质量管理的知识分析实际生产和生活。

素养目标：认同质量意识在现实生活生产中的重要作用，并能够培养质量意识。

职场故事

生命的保障

第二次世界大战中期，经过降落伞制造商的努力，降落伞的良品率已经达到了 99.9％，应该说这个良品率即使现在许多企业也很难达到。但是美国空军却要求所交付降落伞的良品率必须达到 100％。于是降落伞制造商的总经理便专程去飞行大队商讨此事，看是否能够降低这个标准。因为厂商认为，能够达到这个程度已接近完美了。美国空军一口回绝，因为品质没有折扣。后来，美国空军要求改变检查质量的方法，那就是从厂商前一周交货的降落伞中，随机挑出一个，让厂商负责人装备上身后，从飞在空中的飞机上跳下。这个方法实施后，降落伞不良率立刻变成零。

各抒己见

1. 检测质量的方法改变后，为什么降落伞不良率立刻变成零？

2. 产品质量的重要性有哪些？

> **学习感悟**

这则小故事中，降落伞 99.9％ 的合格率，就意味着每一千个伞兵中，会有一个人因为降落伞的质量而送命。然而厂商直到军方改变检测质量的方法时才幡然醒悟，可见必须上升到关乎个人生命的高度，才会让企业加强质量管理，从而提高产品质量。这则质量安全故事给我们以极大的震撼和启示，质量就是生命的保障。

⚙ 课堂导练

一、折纸鹤

【目标（object）】

通过学习折千纸鹤，学习如何进行质量管理，增强质量意识。

【任务（task）】

● 折出更多高质量的千纸鹤。

【准备（prepare）】

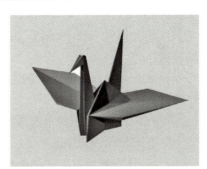

地点：教室。

材料和工具：纸、笔、手机。

分组：将班级同学分为 4 个小组，每个小组选出小组长。

【行动（action）】

1. 小组成员领取折纸，观看视频，学习折千纸鹤的方法。

2. 小组成员讨论如何保证折出高品质的千纸鹤，每个小组选出一名质保员。

3. 小组成员开始进行产品加工，折出千纸鹤。

4. 每小组选出代表本小组优质产品的千纸鹤上台展示，结合质量管理知识，讲述本小组是如何实现产品的质量保证的，小组之间进行互评。

5. 教师对各小组的展示进行总结点评。

【评价（evaluate）】

评价表

内容	个人自评	小组互评	教师点评
千纸鹤的数量对比			
千纸鹤的质量对比			
产品质量控制过程的对比			

二、画一只标准猪

【目标（object）】

通过简单的"画猪"活动，直观认识严格按照标准作业的重要性，增强质量意识。

【任务（task）】

按照要求画一只标准猪。

【准备（prepare）】

地点：教室。

材料和工具：方格纸、笔。

分组：将班级同学分为四个小组。

【行动（action）】

1. 在方格纸左上角的十字交叉处画一个 M，M 中间的尖点与十字交叉点重合。

2. 在方格纸左下角的十字交叉处画一个 W，W 中间的尖点与十字交叉点重合。

3. 在方格纸右下角的十字交叉处画一个 W，W 中间的尖点与十字交叉点重合。

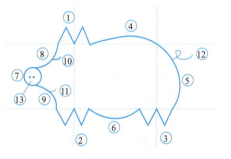

4. 画一条弧线将 M 和右上的十字交叉点连接起来。

5. 画一条弧线将右上角的十字交叉点和右边的 W 连接起来。

6. 在两个 W 之间画一条弧线将它们连接起来。

7. 在方格纸左侧中间的方格正中画一个圆圈。

8. 从 M 左侧出发，画一条和圆圈外切的弧线。

9. 从左边 W 的左侧出发，画一条和圆圈外切的弧线。

10. 画一条弧线做眼睛，从连接 M 和圆圈的线的中间开始画。

11. 画一条弧线做嘴巴，从连接 W 和圆圈的线的中间开始画，注意要画一个微笑的猪。

12. 在最右侧的弧线上靠右上角的十字交叉点三分之一处出发，画一个草书 e 做猪尾巴。

13. 在圆圈中间画两个点做猪鼻子。

【评价（evaluate）】

评价表

内容	个人自评	小组互评	教师点评
你愿意按照标准画小猪吗？			
你能够按照标准画小猪吗？			
对标准化作业重要性的认识			

知识链接

一、质量

在社会生活中，人们对于"质量"有着很高的要求，那么究竟什么是质量呢？

1. 质量的含义

国际标准化组织在《质量管理体系——基础和术语》（ISO9000：2015）中将质量定义为："客体的一组固有特性满足要求的程度"。其中，"客体"是质量概念所描述的对象，它包括一切可感知或可想象到的事物，并不限于产品和服务。比如药品本身，生产药品的过程，提供药品的服务，顾客的满意程度等。

"特性"是指可以区分事物的特征。特性可分为固有特性和赋予特性，固有特性就是指事物中本来就有的特性，如：螺栓的直径、芯片的存取速度等技术特性。赋予特性则是完成产品后因不同的要求而对产品所增加的特性，如产品的价格、售后服务要求等。

"要求"是指明示的、通常隐含的或必须履行的需求或期望。明示的要求，如在文件中阐明的要求或顾客明确提出的要求；隐含的要求是指一种惯例或一般做法，如"化妆品对顾客皮肤的保护性"；必须履行的要求是指法律法规要求的或有强制性标准的，如食品卫生、电器安全等。

2. 质量的重要意义

质量管理大师朱兰博士提出"质量大堤"的概念，指出在现代社会，人们将安全、健康甚至日常的幸福置于质量的堤坝下。产品安全工作的核心也在于确保产品质量。

（1）质量对企业的意义。

质量是企业生存和发展的基础。质量对于企业的意义体现在三个方面：第一，质量是企业塑造品牌、竞争取胜的法宝；第二，质量是企业提高顾客满意度、实现经济效益的基础；第三，质量有助于提高企业素质，支持企业长期发展和取得成功。企业只有不断提高质量和管理体系质量，提供高质量的产品或服务，才能满足顾客不断变化的期望和要求，获得顾客的忠诚和信任，同时实现企业的盈利和发展。企业要树立"质量第一"的强烈意识，要不断提升质量标准，以质量和品牌来应对激烈的市场竞争。

（2）质量对顾客的意义。

质量是提高顾客满意度和忠诚度的关键，高质量的产品和服务，能满足顾客不断增长的需要。因而企业要树立"以顾客为关注焦点"的理念，以顾客驱动追求卓越。

（3）质量对员工的意义。

提高质量有利于员工的稳定和发展。一方面，企业效益是员工稳定、生活幸福的基本保证，而质量则直接影响着企业的品牌和效益；另一方面，每个员工的工作质量都会直接或间接地对产品和服务质量造成影响，员工发挥积极性和创造性在质量管理过程中起着重要作用。因此，全面质量管理的基本思想之一就是全员参与。

（4）质量对国家和社会的意义。

质量强国是我国的国家战略。改革开放四十多年来，我国企业制造能力和质量控制水平得到了大幅度提升，产品、服务、工程等方面的质量快速提升，确保了很多产品畅销全世界，得到各国的广泛认可，大大促进了我国的经济发展。

二、质量意识

质量意识是一个企业从决策层到基层每一个员工对质量和质量工作的认识和理解的

程度，这对质量起着极其重要的影响和制约作用。质量意识包括员工对质量的认知、对质量的态度和相关的质量知识。

1. 对质量的认知

通常，人们总是先接触事物的数量属性，比如事物的大小、多少，然后才开始接触事物的质量属性。数量是事物的现象，而质量是事物的本质。对质量的认知需要通过接触事物的实践活动才能把握。因此要加强对员工的质量教育培训，使员工认知产品质量特性、认识质量的重要性。

2. 对质量的态度

一家美国汽车配件供应商使用同一条生产线同时为一家美国汽车公司和一家日本在美企业供应零部件，这家企业在进行过程质量控制时发现，为日本企业生产的产品的质量波动范围明显小于为美国企业生产的产品的质量波动范围。究其原因，是因为企业员工存在着这样的心理意识：给国外客户或者重点客户生产产品时，所有的生产过程都要精益求精，质量保持稳定。由此可见，制约产品质量提高的关键因素往往不是技术，而是质量观念和对待质量的态度。

3. 质量知识

质量知识包括产品质量知识、质量管理知识、质量法制知识等。通常，员工的质量知识越丰富，也就越容易认知质量，提高质量能力，进而产生成就感，增强对质量的感情。可以说，质量知识是员工质量意识形成的基础和条件。

但是，质量知识的多少并不一定与质量意识的强弱成正比。实践表明，只有质量意识强的员工，学习积极性才会高，学得就会快而好。

三、全面质量管理

国际标准化组织颁布的 ISO 8402 标准中，将全面质量管理定义为"一个组织以质量为中心，以全员参与为基础，目的在于通过让顾客满意和本组织所有成员及社会受益而达到长期成功的管理途径"。结合企业的实践，我国质量专家将全面质量管理的特点概括为"三全一多样"，即全员参与、全过程、全组织的质量管理，采用多样性的方法和工具进行管理。

1. 全员参与的质量管理

组织中任何一个环节，任何一个人的工作质量都会不同程度地直接或间接地影响着产品质量或服务质量。因此，全体员工都要参与质量管理，产品质量人人有责。全员参与的质量管理工作要做到以下几个方面：首先是全员的质量教育和培训。一方面通过培训加强员工的质量意识、职业道德、以顾客为中心的意识和敬业精神；另一方面是为了提高员工的技术能力和管理能力，增强参与意识。其次是实行质量责任制。明确规定企业各部门、各环节以及每一个人在质量工作上的具体任务、责任、要求和权力（利），以保证产品的质量。最后是鼓励团队合作和多种形式的群众性质量管理活动，充分发挥员工的聪明才智和当家做主的主人翁精神。

2. 全过程的质量管理

产品质量形成的过程包括市场研究（调查）、设计、开发、计划、采购、生产、控制、检验、销售、服务等环节，每一个环节都对产品质量产生或大或小的影响。因此需要控制好影响质量的所有相关因素，从而生产出高质量的产品。

上述过程是一个不断循环螺旋式提高的过程，产品质量在此循环中不断提高。产品质量形成的过程如下图所示，被称为朱兰质量螺旋曲线。

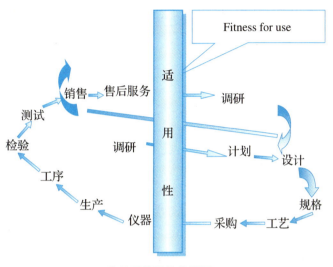

朱兰质量螺旋曲线图

3. 全组织的质量管理

全组织，也就是全方位的质量管理，是指企业各个职能部门之间紧密配合，按职能划分来承担相应的质量责任。可以从纵横两个方面来理解：一方面，从纵向的组织管理角度来看，质量目标的实现有赖于企业的上层、中层、基层管理以及一线员工的通力协作，其中高层管理能否全力以赴起着决定性的作用；另一方面，从横向的组织职能之间相互配合来看，要保证和提高产品质量必须使企业研制、维持和改进质量的所有活动构成一个有效的整体。

4. 多样性的管理方法和管理工具

随着技术的不断进步，产品的复杂性不断增加，影响产品质量的因素也越来越多。因此，必须结合组织的实际情况，系统地控制影响产品质量的因素，广泛、灵活地运用各种现代化的科学管理方法，施行综合治理。

目前，常用的质量管理工具和方法有：头脑风暴法、QC 小组活动法、质量功能展开法等。在应用质量工具和方法时，要以方法的科学性和适用性为原则，要坚持用数据和事实说话，从应用实际出发，尽量简化。

随着社会的进步、生产力水平的提高，整个社会大生产的专业化和协作化水平也在不断提高，每个产品都凝聚着整个社会的劳动，反映着社会的生产力水平。因而，提高产品质量不仅仅是某一个企业的问题，还需要全社会的共同努力。

🔗 课后拓展

收集质量方针标语

质量方针是企业质量管理的总纲领。质量方针标语有助于指导企业的质量管理，有助于提高产品或服务的质量，提高企业的竞争力。请同学们收集 10 条质量方针标语并填写在下面的表格中。

质量方针标语

1.	6.
2.	7.
3.	8.
4.	9.
5.	10.

🔍 延伸阅读

PDCA 循环工作流程

质量循环管理是质量管理专家休哈特首先提出的，美国人戴明把这一规律总结为"PDCA 循环"，所以又称为"戴明环"。

"PDCA 循环"工作流程的基本内容是在做某事前先制订计划，然后按照计划去执行，并在执行过程中进行检查和调整，在计划执行完成时进行总结处理，将成功的纳入标准，不成功的留待下一循环去解决。

PDCA 代表着计划（Plan）、执行（Do）、检查（Check）和处理（Act），反映了质量管理必须遵循的四个阶段。

P 阶段：发现适应用户的要求，并以取得最经济的效果为目标，通过调查、设计、试制，制定技术经济指标、质量目标、管理项目以及达到这些目标的具体措施和方法。

D 阶段：按照所制订的计划和措施去付诸实施。

C 阶段：对照计划，检查执行的情况和效果，及时发现计划实施过程中的经验和问题。

A 阶段：根据检查的结果，采取措施、

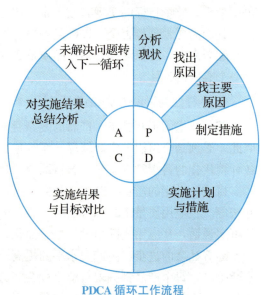

PDCA 循环工作流程

巩固成绩、吸取教训、以利再战。

PDCA 循环管理的特点：

（1）PDCA 循环工作程序的四个阶段顺序进行，组成一个大圈；

（2）每个部门、小组都有自己的 PDCA 循环，并都成为企业大循环中的小循环；

（3）阶梯式上升，循环前进，即不断根据处理情况或利用新信息重新开始循环改进过程；

（4）任何提高质量和生产率的努力要想成功都离不开员工的参与。

品质海尔

自 1984 年以来，海尔集团从一家资不抵债、濒临倒闭的集体小厂，发展成为全球知名的家用电器制造商之一，产品覆盖冰箱、洗衣机、空调、热水器、彩电等全系列家用电器，用户遍布世界 100 多个国家和地区。截至 2021 年 12 月 7 日，海尔连续 18 年入选"世界品牌 500 强"，排名提升至全球第 37 位。

以"砸冰箱"为开端，海尔集团长期重视质量管理与创新，坚持在实践中探索质量管理新理念、新模式与新方法，提出了"日清日高，日事日毕"管理法（OEC 管理法）等一系列创新性管理方法，形成了特色明显的海尔质量文化。"人单合一双赢"管理模式，是海尔集团独创的、有中国特色的质量管理理论和模式，是对传统质量管理模式的突破和创新，实践方法具有很强的竞争力，得到国内外理论界的认可。海尔集团坚持"零缺陷、差异化、强黏度、双赢"的质量发展战略，实施共创共赢的部件质量管理模式，开展零缺陷质量保证模式下的智能制造，形成引领行业发展的服务质量创新体系。海尔集团是国内企业实现"质量兴企"的典型代表，在国内国际具有广泛的影响力，在国际上树立了"中国制造""中国质量"的良好形象。

质量是企业的生命，无论是企业的领导决策者还是每一位员工，都应当具有质量意识，并自觉地体现在各自的工作岗位中，才能促进企业的高质量发展，使企业立于不败之地。

模块 7

规则意识及法律素养

规则是指人们必须遵守的科学的、合理的、合法的行为规范和准则。在职场中，提升规则意识可以帮助从业人员更好地适应职场，知道哪些行为是合适的，哪些行为是不允许的。法律素养是指一个人认识和运用法律的能力。在职场中，大多数人会把精力放在工作上，对自己的权益保护没有一个明确的认知，因而提升法律素养显得格外重要。

本模块通过对提升规则意识、依法维护劳动权益、避免求职陷阱等内容的学习，提升中职生的规则意识和职业法律素养，使中职生学法守法、遵章守纪，并能在未来职场中依法维护自己的合法权益。

任务1 提升规则意识

学习目标

知识目标：了解规则意识的含义和提升规则意识的意义。

能力目标：掌握在职场中提升规则意识的途径。

素养目标：培养规则意识，为学生进入职场奠定基础。

职场故事

被辞退的小赵

小赵在某酒店工作，经常不分时间、不分场合玩手机游戏。某日上班期间，小赵因沉迷于玩游戏而怠慢了顾客，且与顾客争吵而遭到顾客的投诉，酒店因此给予小赵记过处分，并对小赵出具了《员工处分单》。小赵在"当事人确认签名"一栏中签了字。自此之后，小赵常在钉钉工作群散布消极言论，还多次发表不当言论诋毁领导。酒店依据相关规定，再次给小赵记过处分。年终，经工会讨论同意后，酒店根据公司相关规定，以小赵一年内两次记过为由，给予小赵辞退处理。

各抒己见

1. 请思考：小赵有哪些不合适的行为？

2. 你认为酒店对小赵的处理是否合适？为什么？

学习感悟

国有国法，家有家规。故事中的小赵违反了劳动者的职业道德，违反了公司的规章制度，影响了公司的管理秩序，在一年内受到两次记过处分，公司征询工会意见后解除劳动合同程序正当、合法有据。对于劳动者而言，要重视用人单位的规章制度，提升规则意识，切莫因小失大、得不偿失。

⚙ 活动导练

一、行为规则意识评价

【目标（object）】

通过日常行为规则意识评价，找出个人行为需要改进之处，提高规则意识。

【任务（task）】

完成评价表，找出个人和小组同学需要改进之处。

【准备（prepare）】

地点：教室。

材料和工具：纸、笔。

分组：班上同学两人一组。

计划时间：约 15 分钟。

【行动（action）】

1. 每位同学拿出纸和笔，完成下列评价表的个人自评。

2. 和小组成员交换评价表并完成另一组员评价表的组内互评。

3. 本人对比评价表的填写内容，与组员进行讨论，找出需要改进的地方并填写改进措施。

4. 老师抽选几位同学上台分享。

5. 教师对活动进行总结点评。

【评价（evaluate）】

评价表

评价内容	个人自评	组内互评	改进措施
上课能够做到穿戴整洁，注意仪容仪表			
同学之间能够做到微笑问好、互相尊重、互相配合			
能够做到按时上下课、有事提前请假，不随意翻看他人物品			
上课时间能够做到不闲聊、不打瞌睡、不玩游戏			
能够遵守校规校纪、诚信待人、团结同学			
能够做到不断学习，自觉维护班集体形象			
犯错时能够接受符合规定的相应处罚			

二、制定班级公约

【目标（object）】

通过参考学校《学生管理手册》的内容制定班级公约，让学生体验规则制定的过程，进而提升规则意识，帮助学生未来更好地进入职场。

【任务（task）】

参考学校《学生管理手册》的内容制定班级公约。

【准备（prepare）】

地点：教室。

材料和工具：纸、笔。

分组：将班级同学分为 4 组，每个小组选出组长。

计划时间：约 20 分钟。

【行动（action）】

1. 各组从课堂管理、宿舍管理、卫生劳动管理、活动开展及奖惩制度等方面中分别选取一个方面中制定班级公约。

2. 组长组织小组成员围绕选取内容进行深入讨论。依照《学生管理手册》，查看班级在遵守《学生管理手册》某一个方面存在哪些问题，并找出规范和解决此问题的措施和方法，形成一份班级公约初稿。

3. 每组派一名代表上台展示分享，小组自评、小组互评。

4. 教师对各组的展示进行总结点评。

5. 各组对自己的公约内容进行修改完善，形成一份完整的班级公约。

【评价（evaluate）】

评价表

评价内容	小组自评	小组互评	教师点评
小组成员积极参与讨论			
制定的班级公约适合班级情况			
展示过程清晰、流畅			

🌐 知识链接

世界很大，规则最大。在现代生活中，我们每天都要与规则打交道，比如不闯红灯、过马路要走斑马线、行车要系安全带、排队等车、对号入座等。

一、规则意识的含义

规则意识是指发自内心的、以规则为自己行动准绳的意识。比如说遵守校规、遵守法律、遵守社会公德、遵守职业道德、遵守用人单位的规章制度等方面的意识。

规则意识是现代社会中每个公民都必备的一种意识。规则意识有三个层次：

一是对规则的认知和理解。比如，对爱国守法、明礼诚信、团结友善、敬业奉献、爱护环境、讲究卫生、尊敬师长等规则的认知和理解。

二是愿意遵守规则的愿望和习惯。如果没有遵守规则的愿望和习惯，在一念之间可能就会铸成大错，后悔莫及。

三是让遵守规则成为自己内在的需要。这意味着规则不再仅仅是一种外在强制，而是在某种意义上使人获得了真正的自由。按孔子的话来说，这就是"从心所欲，不逾矩"。

二、规则意识的意义

职场中，规则意识不仅体现一个人的职业道德素质，还体现一个人的综合素养。提升规则意识，对于个人职业发展、企业发展、社会和谐稳定都有重要的意义和作用。

1. 规则意识助力个人职业发展

一个人之所以能在社会上立足，很大一部分原因是能够适应各种规则的存在。若是一个人没有规则意识，肆无忌惮，没有底线，不仅不能成事，还会遭到周围人的反感和厌弃。职场中，一个人只有先成为规则的遵守者，才有可能成为规则的制定者。提升规则意识，可以促进从业人员对规则的认同、敬畏和遵守，坚守住自己的底线，认清楚规则的边界，从而助力个人职业发展。

2. 规则意识推动企业发展

企业的规则主要体现在各项规章制度上。规章制度不仅是企业生存发展的制度保障，也是员工行为的规范基础。建立完善的规章制度，一方面，可以保证工作流程的规范以及任务成果的质量，进而促进企业的发展；另一方面可以摒弃人为及主观因素，使得人员管理更为规范、科学，保证了企业运行的规范，进而保证了企业的可持续健康发展。

3. 规则意识维护社会和谐稳定

一个文明有序的社会，离不开深入人心的规则意识。特别是在互联网、社交媒体的时代，人与人之间更需要明确的规则来协调彼此的关系，定义"该做什么，不该做什么"。只有通过培育人们的规则意识，才能推动社会向着有序、文明、和谐的方向发展。列车需要按照轨道行驶，社会的良好运行离不开规则的维护。

三、如何提升规则意识

规则意识是个人在不断学习过程中建立起来的一种对规则的强烈认同感和内在要求。在职场中，规则意识的形成能够促进职业素养的提升。

1. 学法守法

法律与我们的生活息息相关，我们既受法律保护，又受法律约束；既充分享受法律所赋予的权利，又必须履行法律规定的义务。

一是主动学法。对从业人员来说，除了学习通用法律法规外，还要学习行业、职业相关的法律法规，比如职业学校教师需要学习《教师法》《职业教育法》等，了解应该遵守的法律规范和要求。另外，还要主动学习《劳动法》《劳动合同法》等，了解自身劳动权益保护的相关法律知识。二是自觉守法。做到"三从",即"从我做起",要把守法化为自觉行动,不能因为周围有人不守法自己就不守法;"从小事做起",大事是从小事发展起来的,如果不在小事上严格要求自己,最终就必然在大事上摔跟头;"从现在做起",现在不做而等着将来做,实际上等于不做。

2. 遵章守纪

规则具有导向性,可以对从业人员的行为进行规范引导。任何行业、职业都应将规则放在首要位置,要求从业者自觉遵守各项规章制度。

首先,要认真学习规章制度。如果不能学习领会、时刻牢记,不清楚或者一知半解,就谈不上严格遵章守纪。其次,要照章办事。不能我行我素,把规章制度、工作流程当成儿戏,更不能对规章制度、工作流程随意变动。有些初入职场的人觉得遵守规则、服从规矩是唯唯诺诺的表现,会故意在职场中通过违反规则来展示个性,这样必定会影响个人的形象和自身的发展。

3. 高度自律

自律是一种不可或缺的人格力量,是指在没有人现场监督的情况下,通过自己要求自己,变被动为主动,自觉地遵循法律和规章制度,拿它来约束自己的一言一行。自律并不是让法律和规章制度来束缚自己,而是用自律的行动创造一种井然的秩序来为自己的职场生活争取更大的自由。

想要做到自律,首先,要提高自身素质,树立自尊、自爱、自强的自律意识。其次,要自觉做好自己该做的事情,同时找出自己行动的动力点和积极点。最后,在日趋激烈的职场竞争中,应该认真地对待自己的工作,踏实完成各项工作任务,为自己负责,更为用人单位的集体利益负责。

✧ 课后拓展

请阅读下面的材料并完成相应的练习。

某公司员工小钱经常迟到、早退,并多次让同事代打考勤。某天,公司人事部门发现小钱有两个工作日并未到公司上班,但电子考勤和部门签到本上却有小钱上班打卡的记录。调查后发现小钱存在虚假制造出勤记录的欺骗行为,严重违反了公司的规章制度,于是书面通知小钱解除劳动合同,并报送上级公司工会得到准许。小钱对公司的处理决定不满,遂提起劳动仲裁申请,要求公司恢复与他的劳动关系并支付相应的工资。最终,仲裁机构驳回了小钱的请求。

(1) 小钱在工作中有哪些不当行为?

_____

_____

(2) 请结合材料,联系生活中的实际,说说你身边是否有类似的情况。

_____

_____

延伸阅读

按顺序理发

有一次，某公司董事长去理发室理发，但理发室只有两个理发师，等待理发的员工比较多。董事长进来后，大家都热情地和他打招呼，其中几位同事觉得董事长事务繁忙，想让董事长先理发，可是董事长却微笑着拒绝说："谢谢你们的好意。不过这样是不行的，每个人都应该遵守公共秩序，在这里我们应该按照先后顺序理发，我来得晚，应该排在你们后边。"说完他就搬了一把椅子坐在了最后的位置上。

无论是谁都要遵守制度

一次，某部长需要看世界地图和一些书籍，工作人员联系文化馆的管理员，说有位领导想要借用世界地图和其他一些书籍。接电话的管理员回答："我们文化馆有规定，图书不能外借；如果要看，请来文化馆查阅。"部长便冒雨到文化馆找书查阅。管理员发现要借书的是部长，心里很懊悔。部长和蔼地说："你是对的。无论是谁都要遵守制度。"

任务 2　依法维护劳动权益

学习目标

知识目标： 了解与职业相关的法律法规、权益保护等知识。
能力目标： 掌握运用法律法规保护劳动权益的能力。
素养目标： 提高职业法律素养和依法维权意识。

职场故事

两倍工资赔偿

毕业生小孙入职某电商公司从事网页设计工作，当时公司并未与小孙签订书面劳动合同。3 个月后，小孙从该公司离职，发现薪资比上月发放的少了 2 000 元，便与公司沟通要求补发工资差额，却遭到公司拒绝。小孙突然想起没有签订劳动合同，便以此为由，拿出工作记录和工资条，提出劳动仲裁申请，要求该电商公司支付未签订书面劳动合同的两倍工资差额。仲裁委认为，小孙虽未与某电商公司签订书面劳动合同，但已形成事实劳动关系，合法权益受法律保护，而某电商公司直至小孙离职时仍未签订书面劳动合同，小孙要求该公司支付两倍工资差额的诉求合理合法，应予以支持。

> **各抒己见**

1. 请思考：当你发现工资比上月少时会怎么做？
2. 小孙要求公司支付两倍工资差额的依据是什么？

> **学习感悟**

本案例中，小孙与某电商公司虽未签订劳动合同，但存在事实劳动关系。根据《劳动合同法》的规定，建立劳动关系，应当订立书面劳动合同。已建立劳动关系，未同时订立书面劳动合同的，应当自用工之日起一个月内订立书面劳动合同。用人单位自用工之日起超过一个月不满一年未与劳动者订立书面劳动合同的，应当向劳动者每月支付两倍的工资。劳动者要依法签订劳动合同，维护自己的合法权益，同时还要增强权益保护意识和法律意识，当自己的权益受到侵犯时，切莫冲动、意气用事，要及时通过法律来维护自己的权益。

⚙ 活动导练

一、劳动权益保护法律知识竞赛

【目标（object）】

学习、掌握常见的劳动权益保护法律法规知识。

【任务（task）】

学生搜索并学习劳动权益保护相关知识后出题，通过知识竞赛活动，加强劳动权益维护知识的学习。

【准备（prepare）】

地点：教室。

材料和工具：多媒体、纸、笔等。

分组：将班级同学分为4～6组，每组推选一个组长。

计划时间：约20分钟。

【行动（action）】

1. 每组同学通过各种途径进行搜索，并整理出自己认为比较重要的劳动权益保护相关的知识。
2. 组长组织小组成员进行讨论，共同商定出15道题目作为小组知识竞赛题库。
3. 每组派代表上台，从本组题库中公布5道竞赛题，由其他组同学抢答并进行计分。
4. 如回答正确，则进行知识点讲解；如回答错误，则由出题组进行知识点讲解。
5. 教师对本次知识竞赛活动进行总结点评以及小组赋分。

【评价（evaluate）】

评价表

评价内容	小组自评	小组互评	教师点评
小组成员积极参与讨论			
答案展示过程的知识点讲解清晰、流畅			
答错知识点的补充讲解简洁明了			

二、了解劳动争议的处理

【目标（object）】

学习、掌握劳动争议处理的相关知识，以备发生劳动争议时更好地维护个人的合法权益。

【任务（task）】

对劳动争议案例和问题进行讨论，并思考应该如何维护自身劳动权益，需要提供哪些证据材料。

【准备（prepare）】

地点：教室。

材料和工具：纸、笔等。

分组：将班级学生分成 4～6 组，每组选出组长。

计划时间：约 15 分钟。

【行动（action）】

1. 教师展示劳动争议案例，并组织讨论：

（1）试用期满后，公司能否以试用期内销售业绩一直未能达标为由与小李解除劳动合同？

（2）小李要求公司支付其违法解除劳动合同赔偿金的请求是否成立？

（3）如果你是小李，你该准备哪些证据材料去申请仲裁？

（4）除了申请仲裁，你还知道能通过哪些渠道和方式来维护自身劳动权益？

案例：小李进入某科技公司担任销售部客户经理，劳动合同期限为 3 年，约定试用期为 3 个月。试用期内，小李的销售业绩一直未能达标。试用期满后，该公司以小李销售业绩一直未能达标为由，辞退小李并收回工作证等。小李不服，提出仲裁申请，要求公司支付其违法解除劳动合同赔偿金。

2. 以小组为单位搜索劳动争议相关知识，对劳动争议案例进行分析讨论，形成小组观点。

3. 每组派一名代表上台分享交流，小组自评、小组互评。

4. 教师对各组的展示分享进行总结点评。

【评价（evaluate）】

评价表

评价内容	小组自评	小组互评	教师点评
小组有分工，成员积极参与讨论			
劳动争议问题回答有理有据			
展示讲解清晰、流畅			

🌐 知识链接

一、劳动权益的含义及主要内容

1. 劳动权益的含义

劳动权益是指劳动者在劳动关系中，因从事劳动或从事过劳动而享有的权益。当劳动者和用人单位建立劳动关系时便依法享有劳动权益。

了解劳动权益对于劳动者来说十分重要，有助于保护劳动者自身的合法权益，提高自我保护能力，有助于促进用人单位和员工之间的和谐合作，有助于推动社会经济的发展。

2. 劳动权益的主要内容

根据《劳动法》第三条的规定，劳动权益主要包括以下几个方面的内容：

（1）平等就业和选择职业的权利。即劳动者就业时不因民族、种族、性别、宗教信仰不同而受歧视，自由选择职业的权利。

（2）取得劳动报酬的权利。即劳动者依照劳动法律关系履行劳动义务，由用人单位根据按劳分配的原则及劳动力价值支付报酬的权利。

（3）休息休假的权利。即劳动者依照国家规定休息休假的权利。劳动者每日工作时间不超过 8 小时、平均每周工作时间不超过 44 小时。用人单位在符合法律规定条件下延长劳动者工作时间的，必须向劳动者支付高于正常工作时间的工资报酬。

（4）获得劳动安全卫生保护的权利。即劳动者要求用人单位提供安全的工作环境以及必要的劳动保护用品以保障本人的安全和健康的权利。

（5）接受职业技能培训的权利。即劳动者在劳动过程中，基于本人业务能力和工作需要而要求用人单位为其提供职业技能培训的权利。

（6）享受社会保险和福利的权利。即劳动者在劳动过程中，基于用人单位和本人社会保险缴费义务的履行，在年老、患病、工伤、失业、生育等情况下获得帮助和补偿的权利。

（7）提请劳动争议处理的权利。

（8）法律规定的其他劳动权利。

二、依法维护劳动权益

1. 重视劳动合同

劳动合同，又称劳动契约、劳动协议，是劳动者与用人单位确立劳动关系、明确双方权利和义务的协议。劳动合同是保障劳动者权益、规范劳动关系以及促进用人单位和谐发展的重要方面。

（1）劳动合同的内容。

劳动合同的内容分为必备条款和约定条款。

根据《劳动合同法》第十七条的规定，劳动合同应当具备以下条款：

1）用人单位的名称、住所和法定代表人或者主要负责人；

2）劳动者的姓名、住址和居民身份证或者其他有效身份证件号码；

3）劳动合同期限；

4）工作内容和工作地点；

5）工作时间和休息休假；

6）劳动报酬；

7）社会保险；

8）劳动保护、劳动条件和职业危害防护；

9）法律、法规规定应当纳入劳动合同的其他事项。

在劳动合同中，除法律规定的上述必备条款外，用人单位与劳动者还可以约定试用期、培训、保守秘密、补充保险和福利待遇等其他事项。这些条款被称为约定条款。

（2）劳动合同的订立。

劳动合同一般有书面形式和口头形式两种。

用人单位自用工之日起即与劳动者建立劳动关系，除了非全日制用工双方当事人可以口头订立劳动合同外，用人单位与劳动者建立劳动关系，均应当以书面形式订立劳动合同。

如果用人单位没有立刻签订书面劳动合同，应当自用工之日起一个月内签订。如果用人单位超过一个月不满一年未与劳动者订立书面劳动合同的，应当向劳动者每月支付两倍的工资。

（3）劳动合同的解除。

劳动合同的解除可以分为以下三种情况：

1）双方协商解除劳动合同。用人单位与劳动者协商一致，可以解除劳动合同。但如果是用人单位提出解除动议的，用人单位原则上应向劳动者支付解除合同的经济补偿金。

2）用人单位单方解除劳动合同。这种情况可分为过错性解除、非过错性解除和裁员。

过错性解除，又称除名。劳动者有下列情形之一的，用人单位可以解除劳动合同：

①在试用期间被证明不符合录用条件的；

②严重违反用人单位的规章制度的；

③严重失职，营私舞弊，给用人单位造成重大损害的；

④劳动者同时与其他用人单位建立劳动关系，对完成本单位的工作任务造成严重影响，或者经用人单位提出，拒不改正的；

⑤以欺诈、胁迫的手段或者乘人之危，使用人单位在违背真实意思的情况下订立或者变更劳动合同，致使劳动合同无效的；

⑥被依法追究刑事责任的。

非过错性解除，又称辞退。有下列情形之一的，用人单位提前三十日以书面形式通知劳动者本人或者额外支付劳动者一个月工资后，可以解除劳动合同：

①劳动者患病或者非因工负伤，在规定的医疗期满后不能从事原工作，也不能从事由用人单位另行安排的工作的；

②劳动者不能胜任工作，经过培训或者调整工作岗位，仍不能胜任工作的；

③劳动合同订立时所依据的客观情况发生重大变化，致使劳动合同无法履行，经用人单位与劳动者协商，未能就变更劳动合同内容达成协议的。

用人单位单方解除劳动合同还有一种情况，用人单位裁员情况下的解除，简称裁员。

3）劳动者单方解除劳动合同。劳动者在以下三种情况下可以单方解除劳动合同。

①预告解除，又称辞职。劳动者提前三十日以书面形式通知用人单位，可以解除劳动合同。劳动者在试用期内提前三日通知用人单位，可以解除劳动合同。

②单方解除。用人单位有下列情形之一的，劳动者可以解除劳动合同：

● 未按照劳动合同约定提供劳动保护或者劳动条件的；

● 未及时足额支付劳动报酬的；

● 未依法为劳动者缴纳社会保险费的；

● 用人单位的规章制度违反法律、法规的规定，损害劳动者权益的；

● 用人单位以欺诈、胁迫的手段或者乘人之危，使劳动者在违背真实意思的情况下订立或者变更劳动合同，致使劳动合同无效的；

● 法律、行政法规规定劳动者可以解除劳动合同的其他情形。

③立即解除，又称离职。用人单位以暴力、威胁或者非法限制人身自由的手段强迫劳动者劳动的，或者用人单位违章指挥、强令冒险作业危及劳动者人身安全的，劳动者可以立即解除劳动合同，不需事先告知用人单位。

（4）用人单位不得单方解除劳动合同的情形。

劳动者有下列情形之一的，用人单位不得单方解除劳动合同：

1）从事接触职业病危害作业的劳动者未进行离岗前职业健康检查，或者疑似职业病病人在诊断或者医学观察期间的；

2）在本单位患职业病或者因工负伤并被确认丧失或者部分丧失劳动能力的；

3）患病或者非因工负伤，在规定的医疗期内的；

4）女职工在孕期、产期、哺乳期的；

5）在本单位连续工作满十五年，且距法定退休年龄不足五年的；

6）法律、行政法规规定的其他情形。

2. 参加社会保险

社会保险是国家通过立法建立的一种社会保障制度。当劳动者因年老、疾病、生育、工伤、失业等原因而暂时中断劳动，或者永久丧失劳动能力不能获得劳动报酬，本人和供养的家属失去生活来源时，能够从国家和社会获得物质帮助。

社会保险主要包括基本养老保险、基本医疗保险、失业保险、工伤保险、生育保险等。

（1）基本养老保险，保险费由用人单位和职工共同缴纳。

（2）基本医疗保险，保险费由用人单位和职工按照国家规定共同缴纳。

（3）失业保险，保险费由用人单位和职工按照国家规定共同缴纳。

（4）工伤保险，保险费由用人单位缴纳，职工不需要缴纳。

（5）生育保险，保险费由用人单位按照国家规定缴纳，职工不需要缴纳。

3. 知道如何解决劳动争议

劳动争议，是指劳动关系的当事人之间因执行劳动法律、法规和履行劳动合同而发生的纠纷，即劳动者与所在单位之间因劳动关系中的权利义务而发生的纠纷。解决劳动争议，应当根据合法、公正、及时处理的原则，依法维护劳动争议当事人的合法权益。

（1）劳动争议的解决方式。

1）协商。即双方当事人自行或经第三方共同协商，自愿达成并自觉履行的解决劳动争议的方式。

2）调解。即第三方通过说服、劝导等途径，使劳动争议在双方当事人的互谅互让中得以解决的方式。

3）仲裁。指劳动争议仲裁机构对当事人请求解决的劳动争议依法裁决。劳动争议仲裁经一方当事人申请即可启动，不以另一方当事人的同意为条件，是一种强制仲裁。

4）诉讼。指劳动争议当事人不服劳动争议仲裁机构的仲裁裁决，依法向人民法院起诉并由人民法院按法律规定的程序进行审理和判决的活动。

（2）解决劳动争议时可以提供的证据。

发生劳动争议时，劳动争议当事人可提供的证据主要包括劳动合同、职工手册和其他证据。

1）劳动合同。劳动合同中一般都会明确规定双方的权利和义务等内容。

2）职工手册。职工手册主要包括职工不当行为的处理、工作要求、相关福利待遇等内容。

3）其他证据。用于解决劳动争议的证据还有工资条、病假证明材料、医院证明、解聘函等。

另外，劳动者维护自身劳动权益，还要注意这几点：要依法维护，不要使用暴力；要了解自己的权益，这样权益被侵害时自己才能知道；权益维护有时效，一定要注意维权的时间要求；重视权益维护的流程，要了解维权的流程和处理机构。

课后拓展

请阅读下面的材料并完成相应的练习。

小刘与某销售公司签订了为期 3 年的劳动合同，自 2021 年 3 月 9 日起至 2024 年 3 月 9 日止，双方约定试用期为 6 个月。2021 年 5 月 10 日，小刘向公司提出解除劳动合同。公司认为小刘没有提出解除合同的正当理由，且解除合同未征求公司意见，未经双方协商，因而不同意解除合同，并提出如果小刘一定要解除合同，就应当赔偿公司的损失，即在试用期内培训小刘的费用。

（1）小刘是否可以单方解除劳动合同？为什么？

_____

_____

（2）小刘是否应赔偿用人单位的培训费用？为什么？

_____

_____

🔍 延伸阅读

维护劳动权益，这 6 个时间点要知道！

1. 劳动合同试用期不得超过 6 个月

劳动合同期限 3 个月以上不满 1 年的，试用期不得超过 1 个月；劳动合同期限 1 年以上不满 3 年的，试用期不得超过 2 个月；3 年以上固定期限和无固定期限的劳动合同，试用期不得超过 6 个月。

2. 工作时长每周不得超过 44 小时

国家实行劳动者每日工作时间不超过 8 小时、平均每周工作时间不超过 44 小时的工时制度。用人单位应当保证劳动者每周至少休息一日。

3. 加班时长每月不得超过 36 小时

若因生产经营需要，用人单位与工会和劳动者协商后可以延长工作时间，一般每日不得超过一小时；因特殊原因需要延长工作时间的，在保障劳动者身体健康的条件下延长工作时间每日不得超过 3 小时，但是每月不得超过 36 小时。

4. 竞业限制期限不得超过 2 年

用人单位可以与单位的高级管理人员、高级技术人员和其他负有保密义务的人员约定，在解除或者终止劳动合同后的一定期限内，劳动者不得到与本单位生产或者经营同类产品、从事同类业务的有竞争关系的其他用人单位上班，也不得自己开业生产或者经营同类产品、从事同类业务。竞业限制期限内按月给予劳动者经济补偿，竞业限制期限不得超过 2 年。

5. 申请劳动争议仲裁的时限为 1 年

劳动争议申请仲裁的时效期间为 1 年，仲裁时效期间从当事人知道或者应当知道其权利被侵害之日起计算。劳动关系存续期间因拖欠劳动报酬发生争议的，劳动者申请仲裁不受仲裁时效期间的限制。但是，劳动关系终止的，应当自劳动关系终止之日起 1 年内提出。

6. 对劳动仲裁裁决不服的，提起诉讼不得超过 15 日

劳动者对仲裁裁决不服的，可以自收到仲裁裁决书之日起 15 日内向人民法院提起诉讼。期满不起诉的，裁决书发生法律效力。

任务 3　避免求职陷阱

🎯 学习目标

知识目标：了解常见的求职陷阱。

能力目标：掌握识别求职陷阱的技巧。

素养目标：树立求职安全意识，避免掉入求职陷阱。

📑 职场故事

"选"中的"储备经理人"

一天，毕业生小韩接到某保险公司的电话，被告知她已被该公司录取为"储备经理人"。小韩在兴奋之余不免纳闷：我从未向该公司投送过简历，他们怎么会知道我的电话呢？小韩兴冲冲地来到该公司后才得知，原来是该公司从某招聘网站上的公开资料里"选"中了自己，而所谓的"储备经理人"实际就是保险业务员。于是小韩试着干了一个月后，被主管告知："你干得不错，但专业知识不足，公司需要对你进行培训，请先交 800 元培训费。"当小韩对此进行质疑时，却被告知，不交培训费可以走人，但此前工作一个月的薪水免谈。小韩气愤不已。

➢ 各抒己见

1. 这个故事中有哪些不合理的地方？
2. 请思考：如果你遇到这种情况会怎么处理？

➢ 学习感悟

在求职中，可能会遇到各种各样的陷阱，所以一定要树立法律意识和安全意识，学会识别求职陷阱，运用法律手段维护自身的合法权益。本故事中，该保险公司有很多"陷阱"。正规公司在招聘时，都会向求职者说明具体的工作岗位、工作内容和试用期，即使求职者在试用期解除劳动关系，也会得到相应报酬。根据法律规定，公司给员工提供的专业培训，培训费一般由公司承担。

⚙️ 活动导练

一、识别求职陷阱

【目标（object）】
了解求职中的陷阱，提高警惕，学会通过合法途径保障个人权益。

【任务（task）】
各小组对求职案例进行分析讨论，找出有哪些陷阱，以及应该如何避免。

【准备（prepare）】
地点：教室。
材料和工具：纸、笔等。
分组：将班级同学分为 4～6 组，每组推选一名组长。
计划时间：约 25 分钟。

【行动（action）】
1. 教师展示案例，并提问：你认为案例中有哪些陷阱，应该如何避免？
案例一：学生小吴想利用暑假赚点零花钱，在网上看到了刷单广告："足不出户兼职赚钱"，于是联系了客服。在履行完相关手续后小吴点开了对方发来的第一个链接进行操作，几分钟后对方转来了本金和佣金共 125 元，尝到了一点甜头后，小吴便加大了刷单金额，前后刷了十多单，共计 6 000 余元，此时小吴再联系客服返还本金和佣金时，却发现被"拉黑"了。

案例二：学生小王看到兼职广告后联系客服人员，客服告知小王按照指示安装 App 并绑定银行卡后，每张卡每天可获利人民币 50 元。小王觉得兼职工作操作方便、赚钱轻松，便介绍同学小陈和小张也下载 App 并将银行卡账号、密码、电话号码进行绑定。后来，三人接到派出所电话，通知他们到派出所配合调查。原来三人兼职使用的 App 是为诈骗团伙提供支付结算帮助，绑定银行卡是为其转移、"洗白"诈骗资金，三人的行为已构成"帮信罪"。

2. 各小组对求职案例进行分析讨论，形成小组观点。

3. 每组派一名代表上台分享交流，小组相互进行评价。

4. 教师对各组的展示分享进行总结点评。

【评价（evaluate）】

评价表

评价内容	小组自评	小组互评	教师点评
小组成员积极参与讨论			
找出案例中的"陷阱"并说明如何避免			
分享交流过程流畅、简洁明了			

二、破解求职陷阱

【目标（object）】

了解求职陷阱，增强维权意识。

【任务（task）】

● 模拟遇到公司高薪承诺，但入职后用各种理由克扣薪资时如何维护个人权益。

● 模拟遇到公司职位承诺，入职后岗位不符时如何维护个人权益。

● 模拟遇到中介机构收取中介费后，没有安排所承诺的工作时如何维护个人权益。

● 模拟遇到试用期内被用人单位开除并且不结算工资时如何维护个人权益。

【准备（prepare）】

地点：教室。

材料和工具：纸、笔。

分组：将班上同学分为 4 组，每组选出一名组长。每组再分创作组和演员组，创作组负责创作剧本，演员组负责情景剧表演。

计划时间：约 30 分钟。

【行动（action）】

1. 每组从 4 种任务中选取一种，在组长组织下，创作组根据题目搜集相关信息进行情景剧内容创作，形成 3～5 分钟的表演剧本，演员组担任不同的角色进行表演。排练后小组成员对剧本内容和表演过程进行修改调整。

2. 各组上台表演, 小组自评, 小组互评。

3. 教师对各组的展示进行总结点评。

【评价（evaluate）】

评价表

项目	评价内容	小组自评	小组互评	教师点评
团队合作	分工明确, 成员积极参与			
剧本内容	贴合题目内容, 没有偏题、跑题			
	剧情独特、新颖、有创新性			
	内容充实、结构清晰完整, 有一定教育意义			
表演能力	动作恰当、自然大方, 吐字清晰、语速得当, 语言表达自然流畅			
	态度认真, 配合默契, 表演沉浸, 带动现场气氛			
时间控制	表演时间控制在 3～5 分钟			

🌐 知识链接

一、常见的求职陷阱

1. "传销" 陷阱

传销是指组织者发展人员, 通过发展人员或者要求被发展人员以交纳一定费用或者以购买商品为条件取得加入资格等方式, 非法获得财富的行为。传销一般以亲朋好友、同学等极力推荐的途径传播, 打着 "创业、就业" 的幌子, 以 "轻松赚大钱" "无须面试直接上岗" 为噱头, 利用求职者求职心切的心理, 将求职者骗至外地, 收走有效证件、限制人身自由, 强迫或者诱骗求职者参加各类非法传销活动。

传销属于违法行为, 要了解传销的基本特征、宣传方式, 要保持头脑高度清醒, 防止掉入传销的陷阱中。如果不慎掉入传销陷阱, 在确保人身安全的前提下, 设法报警或与家人、老师、同学取得联系, 以摆脱传销组织的控制。

2. "高薪承诺" 陷阱

一些用人单位为了吸引大量的求职者, 会承诺虚假的高薪报酬, 但是不写入任何书面合同, 甚至不签订劳动合同, 发工资时并不兑现或者设置兑现障碍, 也有一些诈骗分子打着高薪兼职、点击鼠标就能轻松赚钱、刷单返现等幌子进行诈骗。

不要相信轻松赚大钱的好事, 求职者在择业和就业前要了解岗位、行业的薪资水平, 要明白天上不会掉馅饼。还要注意个人信息安全, 不要外借银行卡、电话卡等, 不要随意打开陌生网址链接等。

3. "职位美化"陷阱

有些用人单位会在单位规模、业绩、发展前景、职位等方面故意夸大宣传来吸引求职者应聘。用人单位对招聘职位的工作内容描述模糊，或将岗位名称设置得比较高，求职者入职后才发现实际工作内容和应聘时了解的差距较大。例如，将销售员、业务员等职位美化成"市场部经理""事业部总监"，说是招聘主管，但是工作内容却是发传单等。

求职者在择业和就业前可通过各种正规途径查询用人单位的基本情况，仔细筛选甄别各类招聘信息，要详细询问岗位信息、工作内容。对长时间大量招聘、离职率高的公司，要提高警惕。

4. "合同签订不规范"陷阱

个别用人单位为降低用人成本、规避用工责任而侵犯劳动者的合法权益。有的仅以谈话、电话等口头形式约定工作相关事项，没有签订书面劳动合同。有的为了少缴税，同时签订两份不同薪资的"阴阳合同"来应付有关部门的检查。有的合同内容简单，缺少法律规定的工作岗位、地点、工资、劳动条件等必备内容。有的包含"霸王条款"，要求劳动者无条件服从加班、义务加班、试用期离职不结算工资等。

求职者在签订劳动合同前，应与用人单位认真协商、慎重对待，不可草率签订。要注意劳动合同是否具备《劳动合同法》规定的必备条款，特别要警惕明显不合理的条款，防止掉入合同陷阱。

5. "假试用、真使用"陷阱

有的用人单位约定不合理的长时间试用期，或者重复约定试用期。有的用人单位在试用期内把求职者当作廉价劳动力使用，安排不合理的工作任务或随意解除合同，并以没有完成工作任务或不符合用人需求等理由克扣劳动者工资。还有用人单位以试用期为由，支付劳动者低于当地最低工资标准的工资，或者不为劳动者缴纳社会保险。

根据《劳动合同法》的规定，试用期最长不超过 6 个月，同一用人单位与同一劳动者只能约定一次试用期。试用期内，应正常缴纳社保，工资水平应不低于单位相同岗位最低档工资或者不低于劳动合同约定工资的 80%，并不低于当地最低工资标准。

6. "黑中介"陷阱

一些非法中介机构以介绍工作为名，收取求职者报名费、体检费、押金等各种费用。有些中介机构与不法用人单位合作，以推荐工作为由收取介绍费，等求职者到用人单位入职时，不法用人单位再编造各种理由拒绝求职者上岗或中途恶意辞退。

应聘工作不需要任何费用，对于让交费的面试要谨慎对待。求职时不要去没有营业执照和职业许可证的中介机构，应优先选择公共就业人才服务机构和具备《人力资源服务许可证》的正规中介机构。

二、掉入求职陷阱的原因分析

导致求职者容易掉入求职陷阱的原因主要包括以下几个方面：

1. 就业压力大，经验不足，分辨能力不足

求职者进入社会后常常面对着巨大的就业压力，很多人急于求职，盲目选择工作，

导致在求职过程中分辨不够，再加上一些心思不正的用人单位制造虚假招聘信息或者夸大岗位待遇等，从而误导求职者掉入求职陷阱。

2. 缺乏法治思维，维权意识薄弱

初入职场的求职者法律素养不足，对劳动权益保护法律法规知识缺乏基本的了解，导致在求职陷阱识别能力上有所欠缺。另外，初入职场的求职者很少经历过社会实践的锻炼和磨炼，缺乏对社会上一些活动的质疑和思考，更缺乏作为一名劳动者的自我保护意识，而且维权意识薄弱。

3. 职业规划缺乏或者不合理，求职比较盲目

首先，很多求职者没有明确的职业规划，缺乏对就业市场的准确了解和把握，就业时容易随波逐流。其次，有些求职者抱有过高的期望和假定，盲目追求高收入和高职位，容易被所谓的"特别条件"吸引而掉入求职陷阱。

三、提高防范意识，避免掉入求职陷阱

1. 认清就业形势，做好职业规划

首先，要了解当前的就业形势和政策，树立正确的择业观、就业观，做好受挫的准备。求职时要保持平常的就业心态，对自己有一个准确的定位。要相信"一分耕耘，一分收获"，不要轻易相信那些工作轻松、待遇好的招聘信息。其次，要提前做好职业规划，明确自己各阶段的职业方向和职业定位，还要对所选择的行业、用人单位、岗位有大致的了解，对其薪资待遇、发展前景有所把握，这样才能在择业时避免盲目，选择适合自己的职业和岗位。

2. 提高对求职陷阱的识别能力

首先，要积极参与社会实践，不断积累社会经验，树立较强的自我保护意识。其次，要从正规的渠道去寻找求职信息，通过各种途径去分析信息的真伪，要具备辨别求职陷阱的能力。最后，要提高警惕，学会保护自己，在没有确认信息的真伪之前不要独自前往应聘，在和用人单位签约之前，需要通过各种渠道深入了解用人单位的基本情况，仔细核对劳动合同的条款，考虑清楚以后再签约。

3. 提高法律素养和法治思维

积极主动地了解国家对于就业的相关政策和法律法规知识，如《劳动法》《劳动合同法》《劳动争议调解仲裁法》《社会保险法》等，增加法律知识储备。只有在学法、懂法的情况下，才能运用法律武器保护自己的合法权益，避免掉入求职陷阱。如果发现上当受骗，要及时报案，向相关部门反映并寻求法律保护。

课后拓展

请阅读下面的材料并完成相应的练习。

毕业生小胡在一家职业中介交了 50 元注册费成为会员，然后又交了 150 元的信息费，中介承诺将为他联系 5 个用人单位进行面试。没想到，小胡 5 次面试均碰壁，对方要么称"已招到人"，要么称"不合适"。小胡发现，其他在该中介注册的学生也遇到了

和他一样的情况，他明白自己碰上了"黑职介"。

你身边有类似情况吗？如何避免"黑职介"？

_____

_____

延伸阅读

"培训贷"陷阱

毕业生小吕在某网站上看到线上培训视频制作的广告，称"包教包会，学完变大神"。原本就想做自媒体运营的小吕看到后非常心动，就通过广告找到客服进行咨询，客服告知小吕课程是零基础教学，学完后会提供接单渠道赚钱，学费是14 800元。小吕觉得学费贵。客服告知小吕，有一个贷款项目可以帮助小吕解决学费问题，并称如果小吕学得好，可以在学习期间就接一些单子将钱赚回来。小吕听了很是心动，便根据客服的指导贷款支付了14 800元培训费。学习了一段时间后，小吕发现课程教的都是网上能搜到的知识，而且对方也没有提供原本承诺的派单赚钱服务。小吕便要求退款，遭到对方的拒绝，于是小吕踏上了漫长维权路。

目前网络、个别中介机构或用人单位以高薪就业、轻松就业作为诱饵，承诺培训后包就业，但须向指定借贷机构贷款支付培训费用。培训结束后，承诺却往往难以兑现，或推荐的工作与之前承诺的相差很大，还会面临支付高额借贷的局面。

在求职时，要注意看承诺薪资是否与社会同等岗位大体一致，慎重签署贷款协议或含有贷款内容的培训协议，也不要轻易添加自称"老师"的陌生人微信，不要轻易参加打着兼职赚钱"幌子"的培训班，更不要轻易在陌生网页及平台上转账汇款、办理贷款。一旦发现"培训贷"陷阱或者疑似"培训贷"诈骗的情况，应收集并保存相关证据，立即向有关部门报案。

小刘的维权之路

小刘在网上查到某网络科技公司招聘开发工程师，了解公司情况、岗位要求后小刘投送了简历。通过面试后小刘于2022年4月入职该公司担任开发工程师一职，双方签订了为期3年的劳动合同，约定每月薪资5 000元，同时签订了一份《社保补偿协议》，约定内容为：因小刘本人原因，不需要某网络科技公司为其缴纳社会保险费，网络科技公司将每月社保费折现为450元支付给小刘，小刘自行承担放弃缴纳社会保险的相关法律后果等。

入职后，公司对小刘进行为期十天的岗前培训，培训内容为公司的概况、公司开展的业务情况等。之后，双方签订了一份《服务期协议》，其中注明公司对小刘进行了专业技术培训，培训费为1万元，小刘须为公司服务满4年后方可离职。一年后，小刘希望公司为其缴纳社会保险费用，公司以双方签订《社保补偿协议》为由拒绝缴纳，小刘因此事提出离职。该公司以小刘未满服务期为由从工资中扣除 5 000 元违约金。小刘不服，于是向劳动争议仲裁委会申请劳动仲裁，要求该公司返还被扣除的违约金，并要求公司支付经济补偿金。

仲裁委审理后认为，公司对小刘进行的培训并非专业技术培训，而是基础岗前培训，且没有证据证明确实产生了 1 万元的培训费用，公司不应扣除违约金。另外，小刘与该公司所订立的《社保补偿协议》违反法律的强制性规定，应属无效。经过仲裁委调解，双方达成了和解协议，小刘将每月所得 450 元社保补偿返还，该公司依法为小刘补缴入职年限的社会保险费用，向小刘退还扣除的违约金并支付一定的经济补偿金。

模块 8

职业发展素养

·············· 隽 语 哲 思 ··············

黑发不知勤学早，白首方悔读书迟。

——颜真卿

"人"之可贵在于能创造性地思维。

——华罗庚

模块导读

　　树立竞争意识，提高竞争力，积极应对竞争，这样才能在未来的职场中求得生存和发展。创新能够推动社会进步和国家发展，实现中华民族伟大复兴。培养创新思维，提升创新能力，对每个人的职业发展尤其重要。学习是一种信仰，职业发展需要终身学习，每一位高素质的劳动者都要树立终身学习观念，养成终身学习习惯。

　　通过本模块中树立竞争意识、培养创新思维和学会终身学习三个任务的学习，帮助学生提升职业发展素养，为学生未来职业生涯持续长远发展奠定坚实基础。

任务1　树立竞争意识

学习目标

　　知识目标：了解竞争的含义、特点及意义。
　　能力目标：掌握提高竞争力的方法。
　　素养目标：培养正确对待竞争的心态，树立积极的竞争意识。

职场故事

竞聘失败

　　某公司针对对市场开发部大区经理岗位在员工中公开进行招聘。经过一系列角逐，公司市场开发部门经理李志和新入职两年的员工王丽进入最后的竞聘演讲环节。对于最后的胜出，李志信心百倍，他根本没把这个刚来不久的同事放在眼里，认为无论是在资历上还是经验上，王丽都不是他的对手，大区经理的位置他已胜券在握。

　　竞聘演讲开始，李志重点谈及了自己的资历和以往的业绩。王丽的演讲没有把重点放在自己的业绩上，而是分析了公司的优势及可能遇到的问题，并提供了相应的营销策略。结果李志竞聘失败，事后李志说："满足于过去的成绩，再加上轻视竞争对手，是我丢掉这次机会的重要原因。"

▶ 各抒己见

　　1. 讨论李志竞聘失败的原因。
　　2. 面对竞争该如何摆正自己的心态？

▶ 学习感悟

　　职场中难免会存在各种各样的竞争，李志竞聘失败的故事告诉我们：面对竞争，一是要重视竞争，每一位职业人都要树立竞争意识；二是要积极应对竞争，培养正确的竞争心态；三是要通过不断的学习，提高竞争能力，这样才能够在职场的竞争中求得生存和发展。

活动导练

一、积极应对竞争

【目标（object）】

正确应对竞争，培养积极的竞争心态。

【任务（task）】

围绕案例开展研讨，并分享小组研讨成果。

【准备（prepare）】

地点：教室。

材料和工具：海报纸、水彩笔。

分组：将班级同学分为4个小组，每个小组选出一名组长。

计划时间：约10分钟。

【行动（action）】

1. 教师出示案例，并提出问题：

（1）刘国梁和孔令辉是怎样对待竞争的？对你有什么启示？

（2）怎样才能做到既不伤和气，又达到比赛目的？

（3）你忌妒过别人吗？你对克服忌妒心有何高招？

案例：刘国梁和孔令辉既是实力相当的竞争对手，又是情同手足的伙伴。他们师出同门，都身披国字号战袍。某年，两人喜捧男子团体冠军杯后，又同时进入男子单打决赛。可是，当男子单打的冠军奖杯真正摆在面前时，这对好朋友都深知结局的残酷：自己的胜利就意味着好友的失败。可贵的是，在赛场上，他们完全展示出自己的智慧和技能。刘国梁屡出奇招，孔令辉稳中带凶，激烈的比赛战至决胜局。最终，孔令辉赢得男单冠军。我们看到的是异常平静的孔令辉，还有他脸上谦恭的微笑。刘国梁虽然有一丝失望，但毕竟是自己最好的朋友夺得了冠军，他发自内心地向孔令辉表示祝贺，没有丝毫忌妒。

2. 学生分组研讨，并形成小组观点，写在海报纸上。

3. 每小组选出1名代表上台，展示分享研讨成果。

4. 根据评价内容，小组自评，小组互评。

5. 教师总结点评并对各小组赋分。

【评价（evaluate）】

评价表

评价内容	小组自评	小组互评	教师点评
小组成员积极参加，研讨过程体现团队合作精神			
研讨成果内容丰富，切合主题			
分享清楚明了、富有逻辑，海报设计合理、美观			

二、小鸡变凤凰

【目标（object）】

帮助学生树立竞争意识，提高竞争优势。

【任务（task）】

完成游戏，围绕游戏研讨活动感悟，并分享小组研讨成果。

【准备（prepare）】

- 地点：教室。
- 材料和工具：纸、笔。
- 分组：将班级同学分为 4 个小组，每个小组选出一名组长。
- 计划时间：约 15 分钟。

【行动（action）】

1. 在教师的引导下，每位同学至少写出本人在未来职场中的 5 项竞争优势。

2. 分组进行小鸡变凤凰游戏。

（1）"鸡蛋"之间进行 PK，赢的一方变成"小鸡"。

每个同学代表一个鸡蛋，每个"鸡蛋"在本小组内随机找另一只鸡蛋通过"石头、剪子、布"决定输赢。输的"鸡蛋"要退出竞赛，赢的"鸡蛋"变成"小鸡"，并讲述本人的 1 项竞争优势。

（2）"小鸡"之间进行 PK，赢的一方变成"大鸡"。

每只"小鸡"随机找另一只"小鸡"通过"石头、剪子、布"决定输赢。输的"小鸡"退出竞赛，赢的一方变成"大鸡"，并讲述本人的 2 项竞争优势。

（3）"大鸡"之间进行 PK，赢的一方变成"凤凰"。

每只"大鸡"随机找另一只"大鸡"通过"石头、剪子、布"决定输赢。输的"大鸡"退出竞赛，赢的一方成为"凤凰"，并讲述本人的 3 项竞争优势。

3. 分组研讨。

结合活动，围绕以下两个问题，参考知识链接，把讨论结果写到作业本上或做成海报。

（1）面对竞争，你准备如何积极应对？

（2）你对"凤凰"嫉妒吗？你对失败者说什么？

4. 每组选出 1 名代表上台，展示分享本组研讨成果。

5. 根据评价内容，进行小组自评，小组互评，教师总结点评。

【评价（evaluate）】

评价表

评价内容	小组自评	小组互评	教师点评
小组成员积极参加活动，研讨过程体现团队合作精神			
研讨成果内容丰富，切合主题			
分享过程表达清楚，有逻辑			

🌐 知识链接

"竞争"一词古已有之："并逐曰竞，对辩曰争。"现代解释为："为了自己的利益而跟人争胜。"物竞天择，适者生存。竞争是自然法则，也是社会发展的重要因素。

一、认识竞争

1. 竞争的含义

竞争指的是两个或两个以上的主体，在特定机制、规则下，为达到各方共同目的而进行的较量，并产生各主体获取不同利益的结果。竞争是一种社会互动形式，指人与人、群体与群体之间对于一个共同目标的争夺。

竞争是自然法则，也是社会法则。不管你愿意不愿意，也不管你承认不承认，世界充满竞争，任何人都无法逃避竞争，谁优谁劣，由竞争决定。

2. 竞争的特点

（1）强制性。社会生活中的竞争是普遍存在的，不管你承认不承认、喜欢不喜欢，竞争总以其特有的强制性在人们身上发生作用。

（2）排他性。这是竞争过程的必然表现，它是竞争中一方排斥另一方的行为，"利己"与"排他"是竞争的主要方面。

（3）风险性。既然有竞争，就有胜和败两种可能，就要承担一定的风险，承担因失败所招致的责任。

（4）平衡性。竞争双方不仅仅是一决高下，而且存在合作，竞争与合作是相辅相成的。平衡的结果使得事物在竞争与合作中求得发展。

3. 竞争的意义

竞争进取是社会文明进步的标志。有竞争的社会，才会有活力。竞争能促进社会发展，也是竞争者成才的驱动力。

（1）竞争对个人的意义。

竞争对人的发展有促进作用。它给我们以直接现实的追求目标，赋予我们压力和动力，能最大限度地激发我们的潜能，提高学习和工作效率，使我们在竞争比较中客观地评价自己，发现自己的局限性，提高自己的水平。

（2）竞争对社会的意义。

竞争对社会进步有促进作用。当个体或组织之间存在竞争时，他们会不断尝试新的想法、方法和技术，以获得竞争优势，推进社会良好竞争机制的形成，推动科学、技术和经济的发展，促进社会进步。

二、应对竞争

1. 培养积极心态

（1）树立参与竞争的勇气和信心。

面对客观存在的各种竞争，要树立参与竞争的勇气和信心，迎接挑战。首先，要自信，相信自己的实力和潜能，不断给自己正面的肯定和鼓励，通过培养积极的自我形象来建立自信。其次，设定目标，明确自己的竞争目标和愿景，制订可行的计划和策略。在每天执行计划的过程中，自我管理能力逐渐提高，目标会越来越近，勇气和信心也会随之而来。最后，要克服怯懦。了解自己怯懦的原因，克服怯懦，逐步形成不断超越自我、超越他人的勇气和信心。

（2）积极面对竞争中的成与败。

积极面对竞争中的成与败是健康的竞争心理。要明白有竞争，就会有成功和失败，成功与失败是相对的，要做到不以成败论英雄，成功固然可贺，失败也不必悲伤，只要"尽其所能"，就该问心无愧。面对竞争的成功，要明白世上无"常胜将军"，应再接再厉，不可骄傲自满，孤芳自赏，唯我独尊；面对竞争的失败，不应彷徨苦闷、灰心丧气，失败只表明尚未成功，并不表明一事无成，能够从失败中悟出一番道理、总结一些经验，再奋起直追，这才是面对竞争应该有的心态。如果在失败面前甘心认输，一蹶不振，那才是真正的失败。

（3）有尊重及学习竞争对手的胸怀。

要把竞争视为一种合作和共同提高的机会，失利的时候，一定要保持冷静客观，不能让主观臆断甚至偏见影响你对对手的看法，要用积极的态度看待对手的成绩，否则你会变得心胸狭隘，阻碍自己进步。智者云：成小事者需要朋友，成大事者需要对手。对手是一面镜子，能照出我们的不足，要把竞争对手当朋友，学会欣赏竞争对手，发现竞争对手的长处，真诚地向竞争对手学习，借鉴他们的长处，弥补自己的不足。以宽广的胸怀去尊重竞争对手、欣赏竞争对手，才能让自己不断进步。

2. 遵守竞争规则

竞争中要遵守道德和法律、遵守竞争规则，这是每一个竞争者必须做到的。竞争是基于一定规则进行的，规则对于每一个竞争者一视同仁，这就是公平。比如，运动员赛跑要站在同一起跑线上，举重运动员比赛要根据体重分为不同级别。要明白我们参与竞争的目的，是为超越自我，开发潜能，激发学习热情，提高工作效率，取长补短，共同进步，如果在竞争中采取不正当手段，则得不偿失，轻则违背道德良心，重则违反国家法律。

有的人面对竞争压力，不能理性对待，为了竞争胜利而不择手段，结果害人害己。我们崇尚公平竞争，做一个合格的竞争者，就要自觉防范、抵制以下不良竞争行为：

（1）投机。有些人不愿意付出勤奋与努力，总想着通过走捷径取胜，不妨认真想想，天上能掉"馅饼"吗？

（2）嫉妒。嫉妒是指在与他人竞争中害怕自己不如人而产生的自卑心理，有这种心理的人内心缺乏安全感，害怕别人超过自己，所以敏感多疑、嫉妒、怨恨，甚至走极端，常常会害人害己。

（3）攻击。有的人表面上自大骄傲，其实是为了掩饰内心的自卑。在竞争中一旦失利，他们往往把过错全推给别人，采取报复的方式对他人进行刁难、攻击，有的人甚至会故意伤害他人。

3. 提高竞争能力

竞争能力是参与双方或多方通过一种角逐或比较而体现出来的综合能力。竞争能力的培养方式如下：

（1）制定目标。为自己制定切实可行的个人目标，人有了目标，才有努力奋斗的方向，才有提升自己的动力。

（2）认识自我。要充分了解自己，进行长处管理，将自身的优势放大并发挥作用，增强自信，不要总拿自己的短处比别人的长处。同时，我们还需要认识到自己的缺点，学会分析总结，并用心去改变。

（3）加强学习。我们需要不断地学习，每天在有限的时间内安排好自己的"充电"计划，从而提升竞争力。

（4）提升情商。情商通常是指情绪商数，是人在情绪、意志、耐受挫折等方面的品质。提升情商，不仅可以帮助我们解决工作和生活中遇到的实际问题，还能让别人迅速看见我们身上的闪光点，进而获得更大进步。

（5）深入实践。实践能使我们得到快速发展的机会。通过不断的学习和实践，我们的竞争力会逐步提高。

课后拓展

竞选班长

活动目标：发挥竞争优势，积极应对竞争。

活动要求：

1. 结合自身竞争优势，参考知识链接、互联网上的相关资料，写出 500 字以上的竞选演讲稿（主要内容包括自我介绍、竞选优势、竞聘成功的工作设想、竞聘失败的态度）。

2. 利用第二课堂，开展"竞选班长"活动。

延伸阅读

与时代同步　用拼搏追梦

面对竞争，勇敢挑战，超越自我，超越对手，与时代共同奔跑，用拼搏追逐梦想，展示最亮丽的风采，刘清漪用体育竞技成就了精彩人生。

伴着节奏明快的音乐，跳转、空翻、转体、定格，舞者和观众共享随心起舞的愉悦，这是霹雳舞的魅力。这种起源于 20 世纪 70 年代的街头舞蹈，因被列入 2024 年巴黎奥运会新增比赛项目，给 17 岁的中国舞者刘清漪带来机遇。

自 10 岁接触这项运动起，刘清漪一直坚持不懈，刻苦训练，曾代表河南省队夺金，入选国家集训队，拿下世界大赛冠军。一路走得顺当，离不开个人的持续努力，也受益于良好的外部环境。为提高竞技水平，赴海外训练参赛，与全球高手过招，曾经仰望的舞者成为同场竞技的伙伴，她在 2022 年连续"跳"上世界大赛的冠军领奖台和世锦赛的亚军领奖台，2023 年 5 月获霹雳舞项目巴黎奥运积分赛冠军。刘清漪在拿下两个世界冠军的同时，对项目有了更深理解：与俄罗斯舞者交流时，感叹"他们的动作很特别，想法也很独特"，是自己学习的榜样；在世锦赛错失奖牌后，坦言"有差距，关键是赛后要调整心态，从头再来，决不轻言放弃……"。正是这种积极的竞争心态，使她不断成长，才有了后来在比赛中的卓越表现，年少成名的背后是扎扎实实的付出和不断进取的拼搏精神。

任务 2　培养创新思维

◎ 学习目标

知识目标：了解创新思维的含义、特点及作用。

能力目标：掌握培养创新思维的方法，并能够实际运用。

素养目标：认同创新思维的意义，形成创新思维理念。

◎ 职场故事

躺在失败案例库里的诺基亚

说起企业因为缺乏创新走向衰落的案例，人们会想起诺基亚。大概是因为它曾经太过辉煌，倒塌得又太过突然。诺基亚曾开创了很多第一：1982 年生产了第一台北欧移动电话 Senator；1991 年拨通了人类史上第一个全球通对话；1994 年接通中国第一个无线数据电话；1996 年成为全球市场份额最高的手机厂商。巅峰时期，诺基亚全球手机市场占有率高达 70％以上，市值高达 2 500 亿美元，可以说，那时的诺基亚主导了手机业的一切变革。但在 2007 年苹果和谷歌推出 iPhone 和 Android 后，诺基亚走上了衰退的道路，2013 年，微软宣布以 72 亿美元收购诺基亚手机业务部门。

◎ 各抒己见

1. 诺基亚为何会走上衰退的道路？

2. 你还知道哪些企业因缺乏创新而走向衰落？

◎ 学习感悟

诺基亚手机业务走向衰落有多方面的原因，但最主要的原因是诺基亚手机没有能够与时俱进地更新设备软件和操作系统，没有能够根据消费者的使用习惯进行产品创新。诺基亚手机因为缺乏创新而落后于时代发展潮流，最终导致了被抛弃的结局。创新不仅对企业发展至关重要，国家和社会的发展同样也离不开创新。党的二十大报告提出了要"加快实施创新驱动发展战略"，培养创新思维，激发创新活力，增强创新能力，对每一位高素质劳动者的职业发展也尤其重要。

⚙ 活动导练

一、创意联想

【目标（object）】

通过创意联想活动，培养创新思维。

【任务（task）】

根据教师提供的图片，限时联想相关物品并画出创意作品。

【准备（prepare）】

地点：教室。

材料和工具：纸、笔、图片。

分组：将班级同学分为 4 个小组，每组选一名组长。

计划时间：约 15 分钟。

【行动（action）】

1. 教师展示要进行创意联想的图片。

2. 小组同学看图进行创意联想，并将联想到的物品记录下来，时间 3 分钟。

3. 把联想到的物品绘制到纸上，形成创意作品。

4. 每组选出 1 名代表上台，展示分享本小组创意作品。

5. 根据评价内容，小组自评，小组互评。

6. 教师进行总结点评。

【评价（evaluate）】

评价表

评价内容	小组自评	小组互评	教师点评
小组成员积极参与活动，组织纪律好，团队协作			
联想的物品数量、创意画作数量			
画作新颖美观、有创意			

二、听口令、做动作

【目标（object）】

训练应变和反应能力，打破思维定式，培养创新思维。

【任务（task）】

听到口令，立刻做出和指令相反的肢体动作和语言应答。

【准备（prepare）】

地点：教室。

材料和工具：海报纸。

分组：将班级同学分为 4 个小组，每组选一名组长。

计划时间：约 15 分钟。

【行动（action）】

1. 教师讲述游戏规则。

游戏规则：教师发布口令，学生做出与口令相反的动作，如果学生做了与口令相同的动作，或者反应时间过长，将被判出局。

教师口令	学生动作
稍息	立正
立正	稍息
向左转	向右转
向右转	向左转
向前看	向后看
向左看	向右看
向右看	向左看
起立	蹲下

2. 以小组为单位开展游戏，小组同学保持距离，面向教师站立。

3. 教师发出"开始"指令，其他小组组长做好监督，如果有人出错则出列，最后剩下的同学即为获胜者。

4. 小组讨论活动感悟，写在海报纸上。每组推荐 1 名代表上台分享。

5. 根据评价内容，小组自评，小组互评，教师进行总结点评。

【评价（evaluate）】

评价表

评价内容	个人自评	小组互评	教师点评
小组成员积极参加活动，秩序良好			
每小组剩下的同学个数			
分享的活动感悟			

知识链接

"创新"一词源于拉丁语，现指创立或创造新的东西。

创新是推动人类社会向前发展的动力，是一个国家兴旺发达的重要因素。谁排斥变革，谁拒绝创新，谁就会落后于时代，谁就会被淘汰。中华民族要实现伟大复兴的中国梦，必须培养创新精神，造就一大批创新人才。

一、创新思维的含义

创新思维是指以新颖独创的方法解决问题的思维过程。

创新思维是人类思维的高级形态，是智力的高级表现。通过这种思维能突破常规思维界限，以超常规甚至反常规的方法、视角思考问题，提出与众不同的解决方案，从而产生新颖、独到的有社会意义的思维成果。凭借创新思维，人类不断地认识世界和改造世界，形成了无数物质文明和精神文明成果。

二、创新思维的特征

1. 对传统的突破性

创新者突破原有的思维框架，排除以往的思维程序和模式，寻求新的设想，并对那些默认的假设、陈腐的观点和固化的模式提出挑战和质疑。

2. 思路上的新颖性

表现为思路、思考上的首创性和开拓性，创新者往往突破前人成果的束缚，并通过独立思考，形成自己的观点和见解，从而产生崭新的思维成果。

3. 程序上的非逻辑性

创新思维的产生常常省略了逻辑推理的许多中间环节，具有跳跃性，并常常采用直觉思维的形式提出新观念、突破新问题，是从"逻辑的中断"到"思想的飞跃"。

4. 视角上的灵活性

视角随着条件的变化而转变，并能根据不同的对象和条件，灵活运用各种思维方式，摆脱思维定式的消极影响。

三、培养创新思维的途径

培养创新思维需要不断的实践和积累，我们可以通过运用以下方法来培养创新思维。

1. 加强知识储备

创新思维不是凭空臆想，不是无本之木、无源之水，是长期知识积淀迸发的智慧火花，是经验和知识积累的"水到渠成"。知识储备少，文化底蕴不足，自然就难有创新，各行各业的创新都要以广博的科学文化知识和宽厚的专业知识作为支撑。袁隆平数十年如一日地扎根在水稻田里，正是因为前期的知识积累，才创造了杂交水稻。杜甫的"读书破万卷，下笔如有神"，陆游的"功夫在诗外"等说的都是此道理。

2. 保持好奇心，激发求知欲

好奇心是人对新异事物产生好奇并进行探究的一种内在心理活动。求知欲是好奇心的升华，是人渴望获得知识的一种心理活动。好奇心和求知欲是主动观察事物，进行创新思维的内部动因。发展创新性思维，首先要调动人的积极性和主动性，那就要从保持好奇心、激发求知欲开始。我们可以尝试参加一些探索活动，为创新思维提供更多素材。比如，学习一门新语言，尝试一项新运动或学习一项新技能，还可以去旅行，探索自然景观，感受不同的风土人情，这能让我们开阔眼界，开拓思维。

3. 打破定式思维

定式思维又称习惯性思维或传统思维，是指人们按习惯的、比较固定的思路去考虑问题、分析问题。打破定式思维就是提倡思维的维度，以免造成思维的僵化和呆板。创新有法，思维无法，贵在创新，重在思维，思维的维度越多，解决问题的办法和出路就越多。《庄子·逍遥游》中"大瓠之种"的故事，就是打破惯性思维的最好例证。庄子的好友惠子说他有一个容量达到五石的大葫芦，用之盛水，则难负其重，用之做瓢，则无所能容。惠子认为它无用而将它砸烂。庄子说大葫芦盛不了水，我们就用水盛它，于是建议惠子将大葫芦做成腰舟，就像一个大游泳圈，绑在腰上，浮游于江海之上。惠子受传统经验的影响，没有跳出常规思维的框架，而庄子运用逆向思维解决了问题。

4. 学会观察，提高观察力

善于观察的人，通过对细节的洞察，能从平凡的事物中发现不一样的价值和有趣之处，创新的想法也会随之产生。俄罗斯画家苏里柯夫看到雪地上的乌鸦，仔细观察、细心揣摩乌鸦在雪地上的造型特点，触发了其创作灵感，他借用乌鸦之黑与雪地之白形成的强烈对比，经过数年的努力，创作出了别具风格的世界名画。

5. 善用头脑风暴法

头脑风暴法又称智力激励法，是指利用特定的会议形式使与会者产生联想和创造性想象，激发灵感，以获得大量的创新性设想。头脑风暴法让参与者畅所欲言，对提出的所有方案禁止批评，通过延迟评价来为参与者留下一定的时间和自由思考的空间，引导参与者去发现、探究；鼓励标新立异，与众不同的观点；鼓励提出改进意见或补充意见。

课后拓展

打破思维定式小测试

1. 在荒无人迹的河边停着一只小船，这只小船只能容纳一个人。有两个人同时来到河边，两个人都乘这只船过了河。请问：他们是怎样过河的？

2. 篮子里有 4 个苹果，由 4 个小孩平均分。分到最后，篮子里还有一个苹果。请问：他们是怎样分的？

3. 一位公安局局长在茶馆里与一位老头下棋。正下到难分难解时，跑来一个小孩，小孩着急地对公安局局长说："你爸爸和我爸爸吵起来了。"老头问："这孩子是你什么人？"公安局局长答道："是我儿子。"请问：这两个吵架的人与公安局局长是什么关系？

4. 已将一枚硬币任意抛掷了 9 次，落下后都是正面朝上。现在，你来试一次，假定不受任何外来因素的影响，那么硬币正面朝上的可能性是几分之几？

5. 有人不拔开瓶塞，就可以喝到酒，你能做到吗？注意：不能将瓶子弄破，也不能在瓶塞上钻孔。

6. 抽屉里有黑白尼龙袜子各 7 只，假如你在黑暗中取袜，请问：至少要拿出几只才能保证取到一双颜色相同的袜子？

延伸阅读

创造需求法

创造需求法是指寻求人们想要得到的东西，并给予他们、满足他们的一种创新技法。人们需要什么，是非常难以捉摸的，如果找到了这一需求，尤其是当有这种需求的人很多时，就可以取得成就。创造需求法有以下类型：

1. 观察生活法

英国有位叫曼尼的女士，她的长筒丝袜总是往下掉，在公共场所丝袜掉下来是很尴尬的事情。她灵机一动，开了一家专售不易滑落的袜子店，大受女性顾客青睐。

2. 顺应潮流法

这种方法是指顺着消费者追求流行的心理来把握创新机遇的技巧。高楼大厦越来越多，擦玻璃出现困难。为解决这一问题，有人制造了一种既安全又省时、能在室内将玻璃擦拭干净的玻璃擦拭器。它由两块磁铁和含有清洁剂的泡沫塑料擦板组成，当两块擦板隔着玻璃互相吸引后，只要移动里面的擦板，外边的玻璃也就随之被擦干净了。

3. 艺术升格法

对一些市场饱和的日用消费品进行艺术嫁接式的深加工，提高产品的档次和身价，以求在更高层次的消费领域拓展新市场的方法称为艺术升格法。有一段时间萝卜滞销，于是就出现了萝卜雕花热，将红、白萝卜雕成牡丹、芍药、茶花、桃花等，用其他食用色点缀其间，插上青枝绿叶，十分新颖，销售势头立即转热。

4. 引申需求链条法

一种新产品诞生后，有可能带动若干相关或类似产品的出现。这种现象叫作"不尽的链条"，它表明产品需求具有延伸性。例如，卖花草鱼鸟的地方，必有卖花盆、鱼缸、鸟笼的。

5. 预测需求法

预测需求法是指通过预测未来市场需求，积极提前准备，在需求到来时能满足需求的创新技法。例如，20 世纪 80 年代初，18 英寸彩电在我国城市成为抢手货，14 英寸彩电滞销。这时长虹公司独具慧眼，看到商机，当时国家已提高皮棉收购价，农民收入增加，14 英寸彩电在农村会大有市场。长虹公司果断采购大批 14 英寸彩管，继续生产，结果正如事前所料，14 英寸彩电在农村销售规模迅速扩大。

任务 3　学会终身学习

学习目标

知识目标：了解终身学习的含义、特点和意义。

能力目标：掌握培养终身学习习惯的方法，学会自主学习。

素养目标： 培养终身学习理念，养成终身学习习惯。

📑 职场故事

感恩学习

小陈是一名幼儿园老师。2019 年 1 月 1 日，中宣部推出的"学习强国"学习平台在全国上线，小陈在手机上下载了"学习强国"App。从此，小陈每天都会打开学习平台进行学习，睡觉前会查看是否完成当日学习任务，小陈被内容丰富的各个栏目深深吸引，工作闲暇之余都不由自主地打开平台学习，业余生活充实而美好。

一天，小陈正在上班时，突然听见呼喊声，她迅速跑去查看情况，发现有一位小朋友仰面倒在了地上，小朋友的嘴唇发乌，面色通红，眼睛翻白。她立即询问生活老师，当得知小朋友可能因吃果冻呛入了气管时，她脑海中突然闪现在"学习强国"中学到的"剪刀石头布"海姆立克急救法。于是她迅速按照学习的方法展开施救，直到看到小朋友吐出来一块手指大小的果冻，感受到小朋友开始均匀喘气，面部颜色慢慢恢复正常，小陈心中一颗悬着的石头终于落地。

🔵 各抒己见

1. 你使用过"学习强国"学习平台吗？
2. 谈谈你通过什么方式来学习需要的知识？

🔵 学习感悟

在"感恩学习"职场故事中，正是因为小陈老师善于学习，掌握了海姆立克急救法，并能够学以致用，在关键时刻救人性命。在国家大力建设全民终身学习的学习型社会、学习型大国的时代背景下，我们每个人每天都需要进行学习。"学习强国"学习平台极大地满足了互联网条件下广大党员干部和人民群众多样化、自主化、便捷化的学习需求，实现了"有组织、有管理、有指导、有服务"的学习。作为学生，更应该树立终身学习理念，养成终身学习习惯，让学习成为人生信仰，这无论是对个人身心，还是未来职业发展都至关重要。

⚙️ 活动导练

一、制订读书计划

【目标（object）】

通过制订读书计划，培养读书习惯。

【任务（task）】

每位同学根据自己的兴趣爱好，制订读书计划。

【准备（prepare）】

地点：教室。

材料和工具：纸、笔。

分组：将班级同学分为 4 个小组，每小组选一名组长。

计划时间：约 15 分钟。

【行动（action）】

1. 每位同学根据自己的兴趣爱好，列出自己想要读的书籍。

2. 从自己想要读的书箱中进行挑选，合理地制订一份为期一年的读书计划。

3. 将读书计划在小组内进行分享，并讨论读书计划的可行性。

4. 每个小组选出一份读书计划，在班级与同学进行分享。

5. 根据评价内容，小组自评，小组互评，教师进行总结点评。

【评价（evaluate）】

评价表

评价内容	小组自评	小组互评	教师点评
小组成员活动参与度			
读书计划的可行性评价			
读书计划分享过程的表现			

二、制订"21 天养成习惯"计划

【目标（object）】

通过制订"21 天养成习惯"计划，培养一种良好的学习习惯。

【任务（task）】

了解"21 天养成习惯"计划。

【准备（prepare）】

地点：教室。

材料和工具：纸、笔。

分组：将班级学生分为 4 个小组，每组选一名组长。

计划时间：约 20 分钟。

【行动（action）】

1. 每小组同学通过互联网查找"21 天养成习惯"的相关内容。

2. 各小组从"读书、练字、运动、绘画"四个项目中分别选择一项内容。

3. 在教师的指导下，分别制订所选内容的"21 天养成习惯"计划。

4. 制订计划完成后，每组选出 1 名代表上台展示分享。

5. 根据评价内容，小组自评，小组互评，教师进行总结点评。

6. 每位同学选择一项"21 天养成习惯"计划，进行习惯培养。

【评价（evaluate）】

评价表

评价内容	个人自评	小组互评	教师点评
小组同学对"21天养成习惯"内容的理解			
制订"21天养成习惯"计划的可行性			

知识链接

一、终身学习的含义及特点

1. 终身学习的含义

终身学习是指社会每个成员为适应社会发展和实现个体发展的需要，贯穿于自己一生的、持续的学习过程。

从时间上讲，终身学习与人的生命共始终，是贯穿于"从摇篮到坟墓的生命全过程"。从空间上讲，终身学习包括学校学习、社会学习、一切场合的正规学习和非正规学习。终身学习彻底改变了传统的学习观念、学习思想，对学习赋予了全新的认识、全新的理解。

2. 终身学习的特点

（1）终身性。

这是终身学习最突出的特征。它突破了学校的框架，把教育看成是个人一生中连续不断的学习过程，是个人在一生中所受到的各种培养的总和。

（2）全民性。

终身学习的全民性，是指接受终身教育的人包括所有人，不分男女老幼、贫富差别。

（3）广泛性。

终身学习既包括家庭教育、学校教育，也包括社会教育。它包括人的各个阶段，是一切时间、一切地点、一切场合和一切方面的教育。

（4）灵活与实用性。

终身学习的灵活性表现在任何需要学习的人，可以随时随地接受任何形式的教育。学习的时间、地点、内容、方式均由个人决定。人们可以根据自己的特点和需要选择最适合自己的学习方式和学习内容。

二、终身学习的意义

1. 终身学习是职业生存的需要

"只有终身学习，终身受教育，才能终身就业"，终身学习已成为现代劳动力市场的一条基本规律。当今时代，科技突飞猛进，知识和技能不断由单一走向多元，向更深更广层面发展，由此带来职业变化更新加快、岗位调整不断，只有不断充实和开拓自己的知识领域，才能适应新职业或新岗位的要求。每个人都必须认识到终身学习对自身成长和发展的重要性，自觉树立终身学习观念，不断提高自身素养，才能更好地在职场上生存。

2. 终身学习是被尊重的需要

一个人想要受到他人尊重，首先得有一定的学识，具备较高的素质，形成自身独有的人格魅力，而学习是获得这些的前提和必要条件。丰厚的知识和体验，才能让我们永葆活力，更有魅力，更受欢迎，而终身学习又恰恰是积累丰厚知识的最好路径。因此我们只有通过终身学习，才能使自己学识渊博，保持魅力，进而获得别人的尊重。

3. 终身学习是提高幸福感的需要

幸福感是一种积极的心理体验，它既是对生活的客观条件和所处状态的一种事实判断，又是对生活的主观意义和满足程度的一种价值判断。终身学习可使我们紧跟时代脚步，个人的认识有所提高，职业发展顺畅，获得社会认可，因此，个人生活的满意度也会随之提升，从而提升幸福指数。

三、培养终身学习习惯

1. 养成主动学习的习惯

主动学习，是指把学习当作一种发自内心的、反映个体需要的活动，它的对立面是被动学习，即把学习当作一项外来的、不得不接受的活动。主动学习的习惯，有助于提高我们的学习效率，拓宽知识面，提升技能，促进发展，并在不断变化的环境中保持竞争力。形成主动学习的习惯，需要把学习当作优先考虑的事，保持对学习的渴望和持续的学习动力，同时再设立一些激励措施，比如完成学习任务后，给自己一些小奖励或与他人分享学习成果，以获得赞扬和认可。这样长期坚持下来，可以养成主动学习的习惯。

2. 养成制订学习计划的习惯

学习计划能帮助我们学会自我管理，提高学习效率，养成每天安排自己学习的习惯，就能一步一个脚印更快更好地获得成功。制订学习计划有两种方式：一是按学习内容。可以是一门新知识的学习，也可以是一项新技能的学习，还可以是发展自己兴趣爱好的学习等，只要是想学的都可以列入学习计划。二是按时间顺序。即从年开始，向月、周、日细化的方法。年度计划可概括，月、周、日学习计划要详细，内容按轻重缓急排序，这其中的日计划和每天的执行是关键。

3. 养成随时随地学习的习惯

面对快速的社会节奏，必须利用好碎片化时间学习，要根据自身情况找到适合自己学习的碎片化时间，可以是早上起床后，可以是晚饭后，可以是晚上睡觉前，也可以是工作之余，挤上十分钟、半小时，坚持下来，就会成为一种行为自觉。我国正构建终身学习体系，建设学习型社会，教育进修和继续学习途径越来越丰富。灵活便捷的在线课程、人与人之间便捷的沟通方式和多样数字资源的开放、非正规和非正式的学习方式等，为学习者利用碎片化时间学习提供了诸多方便。

4. 养成阅读的习惯

阅读能让我们修身养性，陶冶情操，开阔视野，开拓思维，丰富知识。所谓的"足不出户，便知天下事"，"读书百遍，其义自见"等说的正是此道理。要探索多样的阅读资料，选择自己喜欢的内容，保持兴趣。除书籍外，还可以阅读报纸、杂志、论文、博客等各种形式的资料，以丰富阅读体验。建议随身携带一本书，以方便随时随地阅读，每天要主动寻找适合自己的阅读时间，几分钟也行，坚持下去，阅读就会变成一种习惯。

5. 养成学以致用的习惯

学以致用，可以将学习与实践紧密相连，提高解决问题的能力，增强学习动力，培养创新思维，不仅可以在职场中取得竞争优势，实现知识的保值增值，还可以加深对理论知识的理解和记忆。培养学以致用的习惯，首先，需要养成观察和思考的习惯。其次，要多参与实践活动，通过实训实习、社会服务等，将所学知识用到实践中，在实践中学会反思与总结。这样持续地进行实践、反思和学习，就可以帮助我们养成学以致用的习惯。

课后拓展

开展读书活动

活动目标：为创建学习型班级，开展读书活动，促进学习型班级的建设。
活动要求：
1. 请各组推荐一本好书。
2. 每人写出 300 字左右的读后感，每组推荐 2 篇优秀读后感。
3. 择时组织班级读书分享会。

延伸阅读

AI 时代下终身学习的九条猜想

随着新一轮 AI 的持续走热，如何拥抱全新的技术变革，成为各行业关注的焦点。面对新一波的 AI 冲击，终身学习者应该更好地认识、掌握 AI 工具，拥抱 AI 时代。

1. 人类的学习会进入一个全新的"轴心时代"。

在 AI 时代，"知识大融通"不再是梦想，知识将不再固化于纸张、音频等介质中，而是随着人与一个对话框的对话而不断拓展，其中蕴含的追问、探索的乐趣，会愈加广泛。

2. 答案不再稀缺，"问题大发现"时代到来。

随着 AI 回答问题的能力空前提升，人和人之间的能力差距，越来越体现在提问能力上。

3. 知识让位，学习者必将成为学习的中心。

以知识为中心的时代，将让位于以学习者为中心的时代。AI 将造就知识领域的高速公路，学习者的目标则是整个知识网络的核心，知识将服从于人、服务于人。

4. 多类型的学习助手会不断涌现。

随着技术的发展，AI 可能会分化出多个对话框，在学习者周围担任"书童""参谋"等不同角色，人与 AI 交互的场景会不断丰富。

5. "任务式"学习是未来学习方式的主流。

AI 将打破知与行的边界，带来"因行而求知"的次序逆转，即学习者面对的现实挑战成为学习的动力，而 AI 会根据不同的学习任务和目标，为学习者提供不同的学习资源和路径。

6. 学习成为重要的社交方式。

人和人之间连接的广度和深度，决定了我们学习的热情和能力。学习仍是一种竞争工具，但将来更是一种连接工具，人们会因为一致的学习目标而产生启发和协作，人和人的关系会变得更加丰富多元。

7. "知识信用体系"会升值。

在 AI 时代，"AI＋人"的组合可能会不断产生，在广泛的人机协同背后，人提供的不仅是能力还有信用。

8. 未来，人人都必须亮出"社会学分"。

在人工智能不断发展的背景下，人的一切学习轨迹或将得到搜集、整理、比对和运算，进而生成"社会学分"反映人的认知水准，成为人参与社会的信用维度。对于终身学习者来说，学习将不仅是由个人意愿驱动的行为，还是自我修行、自我呈现的方式。

9. 人工智能的最大价值不是"答案"，而是"启发"。

终身学习者和 AI 之间的真实关系逐渐清晰，即学习的道路始终在人脚下，AI 将会扮演"启发者"的角色，把海量的资源摆在我们面前，为人类搭建知识的基础设施，让学习者迸发更璀璨的灵感。

模 块 总 结 案 例

快递员的出彩人生

2014 年 9 月 19 日 9 时，作为快递行业的代表，窦立国成为阿里巴巴在美国纽约交易所上市时的 8 位敲钟人之一，站在了敲钟台上，摁下了按钮。窦立国是骑着三轮车走街串巷的快递小伙，能被选做中国快递代表参加上市敲钟仪式，绝非易事。

1996 年，窦立国来到北京，成为一名"北漂"。他坚信：无论做什么工作，只要踏踏实实去做，就一定能成功。当他做酒店保安时，即使是给客人开车门，也会用心做好，下大雨时，窦立国主动给客人撑伞，来来回回好几趟，为服务好客人，自己全身都淋透了。经理看在眼里，问他有什么想法，窦立国说想学门手艺。经理把这个勤奋的少年直接从门童调到后厨，还涨了工资。

窦立国成家后，当起了快递员，那时快递行业不景气，经常收件很少。于是，他动脑筋，想办法，自己印了名片，分发给寄件人，每次盛大节日时，窦立国就穿上玩偶服装给每个取件的人送一个小礼物，并附上自己的名片。窦立国虽然学历不高，没学过营销，但他知道，不管做什么事，只要肯学习，多思考，多尝试，就能够把事情做好。窦立国敢于创新，善于学习，乐观做事，诚信做人，不到六年时间，就从一名骑车送货的业务员做到分公司经理，还把分公司业务从总公司倒数第二做到正数第一。

窦立国的故事告诉我们一个道理，善于学习，勇于创新，不怕困难，踏踏实实，对个人职业发展至关重要。

主要参考文献

[1] 人力资源社会保障部教材办公室. 入企教育 [M]. 北京：中国劳动社会保障出版社，2022.

[2] 人力资源社会保障部教材办公室. 职业道德与职业素养 [M]. 北京：中国劳动社会保障出版社，2022.

[3] 人力资源社会保障部教材办公室. 劳模精神 劳动精神 工匠精神 [M]. 北京：中国劳动社会保障出版社，2023.

[4] 张伟. 职业道德与法律 [M]. 北京：高等教育出版社，2020.

[5] 毕结礼. 职业素质教育 [M]. 北京：高等教育出版社，2019.

[6] 毕结礼. 劳动教育 [M]. 北京：高等教育出版社，2023.

[7] 骆云. 职业素质养成读本 [M]. 杭州：浙江教育出版社，2019.

[8] 安鸿章. 劳动实务 [M]. 北京：北京理工大学出版社，2020.

[9] 肖胜阳. 中职生职业素养能力训练 [M]. 北京：高等教育出版社，2018.

[10] 兰琳，胡永华，孙永旺. 职业素养提升 [M]. 镇江：江苏大学出版社，2022.

[11] 奚小龙，邵超，宋彬. 职业素质提升 [M]. 北京：中国言实出版社，2020.

[12] 林思诚. 非暴力沟通 [M]. 成都：成都地图出版社，2022.

[13] 郑瑞涛. 职业素养训练 [M]. 北京：清华大学出版社，2015.

[14] 袁育忠. 中职生职业素养训练 [M]. 北京：科学出版社，2015.

[15] 张元，李立文. 劳动教育和职业素养 [M]. 北京：机械工业出版社，2020.

[16] 陆海波. 职业素养 [M]. 北京：科学出版社，2015.

[17] 王凤君，杨晓东. 职业素质教育 [M]. 北京：清华大学出版社，2021.

[18] 张建军，刘继斌，姚歆. 职业素养训练 [M]. 北京：北京理工大学出版社，2019.

[19] 人力资源社会保障部教材办公室. 数字技能 [M]. 北京：中国劳动社会保障出版社，2023.

[20] 人力资源社会保障部教材办公室. 绿色技能 [M]. 北京：中国劳动社会保障出版社，2023.

[21] 人力资源社会保障部教材办公室. 质量意识 [M]. 北京：中国劳动社会保障出版社，2022.

[22] 人力资源社会保障部教材办公室. 安全生产 [M]. 2版. 北京：中国劳动社会保障出版社，2022.

[23] 闫江涛. 大学生创业与就业指导教程 [M]. 上海：上海交通大学出版社，2017.

[24] 李培斌，赵伟杰. 大学生就业发展指导教程 [M]. 北京：科学出版社，2021.

［25］人力资源社会保障部教材办公室．法律常识［M］．北京：中国劳动社会保障出版社，2019.

［26］沈贵鹏．思想品德［M］．北京：人民教育出版社，2010.

［27］曹亮亮，王慕飞．河南省教师招聘考试教育理论基础［M］．北京：首都师范大学出版社，2022.

图书在版编目（CIP）数据

职业素养 / 黄磊，郭艳伟，杨娟主编. -- 北京：
中国人民大学出版社，2024.1
中等职业教育通用基础教材系列
ISBN 978-7-300-32328-2

Ⅰ.①职… Ⅱ.①黄… ②郭… ③杨… Ⅲ.①职业道
德－中等专业学校－教材 Ⅳ.①B822.9

中国国家版本馆 CIP 数据核字（2023）第 219107 号

中等职业教育通用基础教材系列
职业素养
主 编 黄 磊 郭艳伟 杨 娟
副主编 罗 敬 程丽娜 薛东亮
Zhiye Suyang

出版发行	中国人民大学出版社		
社 址	北京中关村大街 31 号	**邮政编码**	100080
电 话	010－62511242（总编室）		010－62511770（质管部）
	010－82501766（邮购部）		010－62514148（门市部）
	010－62515195（发行公司）		010－62515275（盗版举报）
网 址	http://www.crup.com.cn		
经 销	新华书店		
印 刷	北京昌联印刷有限公司		
开 本	787 mm×1092 mm 1/16	**版 次**	2024 年 1 月第 1 版
印 张	11.25	**印 次**	2025 年 3 月第 3 次印刷
字 数	255 000	**定 价**	46.00 元